中国智造系列丛书
City Complex | 城市综合体

智造密码

SUZHOU CENTER PLAZA

你应该知道的
苏州中心大数据

苏州恒泰控股集团有限公司 主编
苏州中心 出品

同济大学 出品社
TONGJI UNIVERSITY PRESS

内容简介

　　历时七年，位于金鸡湖畔的113万平方米的超大城市共生体——苏州中心整体落成。本书通过77个关键密码点，讲述了苏州中心如何进行整体开发，如何打造立体交通，如何打造国内规模最大的城市CBD空中生态花园，如何建起全球最大的自由曲面钢结构屋面、如何建设管理国内规模最大的城市综合体集中能源中心……精致外表下的匠心品质，从数据密码中一一体现。

　　本书适合希望深入了解大型城市综合体开发建设的普通读者阅读。

图书在版编目（CIP）数据

　　智造密码：探寻苏州中心 / 苏州恒泰控股集团有限公司主编.
-- 上海：同济大学出版社，2020.11
　　ISBN 978-7-5608-8777-7

　　Ⅰ.①智… Ⅱ.①苏… Ⅲ.①城市规划－研究－苏州 Ⅳ.
①TU984.253.3

　　中国版本图书馆CIP数据核字(2020)第065647号

智造密码：探寻苏州中心
苏州恒泰控股集团有限公司 主编　苏州中心 出品

责任编辑 吕　炜　宋　立
责任校对 徐春莲
装帧设计 王效湜　唐思雯

出版发行　同济大学出版社www.tongjipress.com
　　　　　（地址：上海市四平路1239号　邮编：200092　电话：021-65985622）
经　　销　全国各地新华书店
印　　刷　上海雅昌艺术印刷有限公司
开　　本　787mm×1092mm 1/16
印　　张　17.5
字　　数　437000
版　　次　2020年11月第1版　　2020年11月第1次印刷
书　　号　ISBN 978-7-5608-8777-7
定　　价　218.00元

本书若有印装问题，请向本社发行部调换

《智造密码：探寻苏州中心》编委会

总策划	施玉初
编委会主任	徐国平
编委会副主任 按姓氏笔画排序	叶晓敏 朱银珠 刘东军 许如忠 杨小波 余国华 莫栋升
执行主编	张 亮
执行副主编 按姓氏笔画排序	王国斌 毕文廷 沈荣飞 陈志宏 季 晖 黄一多
统筹协调	王龙君
编写组成员 按姓氏笔画排序	王龙君 丘琳 乔海涛 刘芝香 李彬 李宏凌 张烜 陆勤 陈志宏 陈晓燕 祝广伟 徐颖钧 唐亮 魏其庆
专业支持 按姓氏笔画排序	王韦 王斌 王韬 王宏伟 毛秦之 卢晓 卢福东 宁唯一 吕炜 庄皓 孙成 孙黎民 李宏兵 杨健 邹瑛 沈争鸣 宋剑波 张成 张正廉 陆建新 陈一雷 陈小军 金鑫 周维朝 赵雪屯 洪文建 费啸 骆海轩 徐洁 黄薇陵 黄赟开 蒋鹏宇 韩强 鲁斌 曾庆昌 谢家玲 Ugur Lee Kanbur
特别鸣谢 按姓氏笔画排序	马国馨 孙钧 汪贵平 柯长华 贾坚 符基仕 陆钟骁 宫川浩 Diego Gronda Hui-Li Lee Leslie E Robertson SawTeen See Trevor Vivian Winnie Tsang
执笔	杨青 陈志宏 王龙君
摄影	潘宇峰 查正风 齐竹溟 郭晨泽 赵雪屯

CONTENTS · 目录

03

建造追问
CONSTRUCTION
QUESTIONING

04

智慧节能
INTELLIGENT
ENERGY
SAVING

城市来源于人
在城市中 人们生活、工作、休闲
渴望能够拥有一个理想的空间
可以随同城市律动,呼吸自然,触摸历史,畅想未来

但是 在快节奏的发展中
城市越来越像一个庞大机器
人也在其中逐渐迷失了自己

为了将城市归还给每一位市民
最大程度体现城市的包容性和生命力
让人、自然、建筑能在这里交相辉映,与城市有机共融
让居住生态与商业繁荣在这里得到平衡
让国际潮流与传统文化在这里同步脉动
承载着七年磨一剑的用心
由苏州恒泰控股集团有限公司整体开发的
城市共生体——苏州中心
在苏州工业园区的金鸡湖畔绽放光芒

2010年启动

2017年落成

这座113万平方米的超大型城市共生体是智慧之作

从功能业态、交通动态、建筑形态、绿色生态多维度谋篇布局

4大业态打造24小时流动的城市

5平方公里区域交通规划设计让人来去自如

6万平方米的空中花园实现城市向自然的过渡

7幢塔楼勾勒出完美的城市天际线

……

它诞生于全球80多家设计单位的共同协作

建成于开发管理团队2001天的运筹帷幄

在20000个神经末梢的智慧大脑"心云"指挥下有序运转

这一串串数字折射出的是每一位园区人的创新与进取

在城市转型升级的背景下,这些智慧的火花熠熠生辉

无与伦比的包容性

跨界融合的多元性

一股引领城市发展的活力之源

开启了苏州这座千年古城崭新的未来

1992年初，邓小平同志视察南方，发表了借鉴新加坡经验的重要讲话。两年后，历史选择了苏州——1994年2月中国和新加坡政府签署了《关于合作开发建设苏州工业园区的协议》等一系列文件，苏州工业园区应运而生。历经二十余载的发展，这片行政区划面积278平方公里的"试验田"，已从阡陌纵横的农田洼地"蝶变"成为一座现代化国际化产业新城。在商务部公布的国家级经开区综合考评中，苏州工业园区连续四年（2016年、2017年、2018年、2019年）位列第一，跻身建设世界一流高科技园区行列。

勇立潮头，开拓创新迎改革。从"苏南模式"到"张家港精神"，"昆山之路"再到"园区经验"，苏州这座经历了2500多年沧桑的历史文化名城，以敢闯敢干、敢为人先的开拓精神，勇立改革开放潮头。2010年，苏州在实现"农转工""内转外"的发展跨越后，立足中心城区"一核四城"的全新空间战略布局，以更远更大更开阔的时代视野，开启了"量转质"的历史性转变，在经济国际化和城市现代化的道路上阔步前进。环金鸡湖区域约6.8平方公里范围被规划为苏州市域CBD，成为苏州"东部综合商务城"的核心所在，也是苏州工业园区重点发展金融、总部、商贸旅游、专业服务等现代服务业，促进经济转型升级的重要功能区。

承载使命，初心筑梦促转型。位于金鸡湖西侧的CBD区域高楼林立，从空中俯瞰，形似一个辐射带动周边的"手电筒"。2010年春天，时值苏州工业园区中新合作开发建设16周年，位于"手电筒"头部核心位置的超大型城市综合体——苏州中心项目正式启动，以此进一步提升中心城区首位度，加快优化产业结构，持续完善城市功能，打造更加时尚靓丽的宜居新城。

精筑一物，匠心七载绽华章。苏州中心体量规模大、业态功能多、标准要求高，项目的开发建设得到了国家、省、市的大力支持，园区党工委、管委会组建了一支精明强干的项目团队，全体参建人员燃烧智慧，迸发激情，在项目策划、规划设计、工程施工、智慧运营等方面，借鉴国内外成功经验，实现了诸多创新和突破。经过七载的夜以继日，这个承载着园区人情怀与梦想的项目于2017年11月11日整体落成，真正让这个"手电筒"在金鸡湖畔闪闪发光。

至今，苏州中心先后揽获了近百项国内外各类权威奖项，已经成为行业标杆项目和典范工程，进一步点亮了苏城的繁华新高度，为经济转型升级注入了蓬勃活力。

这本编研成果旨在解密这座超大型"城市共生体"的建造密码，致敬每一位参与者，用这座城市转型发展的辉煌成就，礼赞改革开放，献礼新时代！

原苏州工业园区党工委副书记、管委会副主任 施玉初

2020年5月

全体项目参与者的智慧、
汗水、光阴铸造了苏州中心的辉煌，
明天的苏州中心会更美好！

原苏州中心项目指挥部指挥长　徐国平

一个建筑体能成为所在城市的地标，
固然有无数技术难关需要攻克，
更重要的应是赋予其情感，给予其生命。

原苏州中心项目指挥部副指挥长 叶晓敏

天时地利人和，促成了苏州中心的应运而生；
专心专业专注，打造了苏州中心的精良品质；
用心用情用功，成就了苏州中心的华彩绽放。
致敬全体参与者！

原苏州中心项目指挥部副指挥长　莫栋升

承载着新时代苏州人的梦想与希望，
倾注青春、汗水和精力，
历经七载铸就形神兼具的时代杰作。
致敬苏州中心项目全体参与者！

原苏州工业园区金鸡湖城市发展有限公司副总裁　朱银珠

苏州中心是城市地标，也是城市客厅。
我们在运营中不仅需要智慧，更需要担当，
在打造区域经济新能极的同时，
用心展现这座城市的底蕴、活力和精彩。

苏州恒泰控股集团有限公司董事长　余国华

第一列地铁如约而至，
唤醒了这座庞大的城市共生体。
潮人聚集地——苏州W酒店仍在酣梦中。
苏州中心公寓早起的人们，
陆续穿过空中花园、跨街天桥，
去往金鸡湖畔。
世纪广场上，
晨练的爷爷奶奶们多起来。

08:00

"嗒嗒嗒!"清脆的高跟鞋声，
预告着苏州中心办公楼新的一天。
香水悠扬，西装带风，步履坚定……
阳光越过大堂，洒落池边，气质卓然。
精英汇聚，上演24小时商界风云。

人流穿过开阔的世纪广场，
聚集在商场门口耐心等待，
"寂寥"了一夜的商场即将欢腾起来。

商场橱窗里的俊男美女，不动声色。
"~~唰~~"步行街上，
滑板少年一跃而过，划出青春弧线。
跳芭蕾舞的女孩们，莞尔一笑。

09:50

07:00

18:00

站在凤园上,看夕阳映红苏州大道两侧建筑,
恢宏壮丽,是否觉得胸襟也弘大了起来?
金鸡湖上风轻云淡,七彩瀑布依旧斑斓,心情也平静了些许。
投身熙熙攘攘的人流,喜欢的吃起来,热爱的买起来……
一个人也好,闺蜜兄弟相伴也好。
欢乐泪水快乐忧伤,你的我的她的情绪,于此相遇,于此疗愈。
在苏州中心,有一万个开心的理由,有一万个精彩的初衷。

人流散去,商场的卸货平台开始忙碌,送货车辆陆续驶来。
白天所见的美丽呈现,都是工作人员夜间奋战的成果。
苏州中心公寓的灯光逐一熄灭。
苏州W酒店已渐入佳境,迸发动感活力,熠动姑苏。
苏州中心办公楼仍灯火通明,方寸之间,同步全球脉搏。
千重际遇交汇,万般精彩汇聚。
苏州中心24小时,上演这座城市生生不息的无限活力。

22:00—次日凌晨

PLANNING CONCEPT

01

PLANNING CONCEPT

规划理念

城市共生体
Urban Symbiont

整体开发
Overall Development

智造密码·探寻苏州中心
PLANNING CONCEPT·规划理念

城市共生体
Urban Symbiont

　　凯文·林奇在《城市意象》一书中曾提到——当想起一座城市时,浮现在我们脑海中的,往往是一座突出的建筑……在苏州的城市中轴线上,金鸡湖西畔,CBD核心区,就坐落着这样一群熠熠生辉的建筑——苏州中心。

　　苏州中心项目启动于2010年,时值苏州工业园区开发建设16周年,苏州市委市政府提出了提高中心城市首位度、增强中心城区辐射带动能力的战略目标。在城市战略的指导下,苏州中心从功能业态、交通动态、建筑形态、绿色生态四个方面精心构建,以7年时间打造出一座兼具"包容性"和"生命力"于一体的"城市共生体"。它区别于传统城市综合体,彰显其多功能综合有机体属性,成为能形成辐射并带动城市经济、孕育城市活力生机的引擎。

11 幢建筑群舞，塑造城市新地标

**以商场为中心，形态统一的塔楼分布在两侧，
通过高度的变化，呈现出节节攀升的城市天际线。**

从波光粼粼的金鸡湖向西望去，一对"七彩羽翼"展开在水天一色的湖岸线上，犹如一只展翅欲飞的凤凰，这就是苏州中心商场。以商场为中心，形态统一的塔楼分列两侧，呈现出节节攀升的城市天际线。

金鸡湖畔这组全新的CBD地标建筑群，由苏州中心的8座建筑体和东方之门，以及2座待建超高层建筑共同组成。这是一场11座建筑的"现代舞群舞"，每座建筑都是一个舞者，他们和谐统一，却又不失个性，完美融入共同的城市主题和完整的空间建构。

在这场建筑的"现代舞群舞"中，苏州中心商场呈环抱格局，轻拥造型瞩目的东方之门，覆盖以世界上最大的整体式自由曲面屋面"未来之翼"。"未来之翼"作为点睛之笔，横向展开长度超过630米，东西向覆盖约180米，整体面积达35000平方米，犹如凤凰羽翼，展翅腾飞，表达苏州迎向未来、集聚无限繁华的愿景。商场利用退台花园和2座跨街地景桥，将自身的建筑空间和金鸡湖5A级旅游景区有机融合在一起，形成了绿意盎然、生机勃发的城市界面。另7座塔楼"舞者"：2座公寓、4座办公楼以及1座酒店，建筑高度100至200米，逐渐升高，编排出一组有韵律感的建筑群舞，为空间注入艺术的生命力。整体区域规划以轴景、环景、路景、城景、天景五条轴线为主线，将原城市设计方案优化，最大限度地利用金鸡湖景区资源，打造出极具立体感和层次感的城市综合体。

为了保证CBD区域形象的整体性，苏州中心秉承了现代、简洁、大气的群体造型设计理念，形成了统一的建筑风格和统一的立面形态。分列苏州中心商场两侧的7座塔楼，建筑造型刚柔兼备，风格简约，利用隐形幕墙框塑造出的平滑曲面，远看犹如丝绸紧紧包裹，气质卓然。为打破统一形态的单调性，塔楼外立面在顶部一侧微微切出斜口，犹如领口轻轻翻折，充分展现了含蓄的东方美。同时，塔楼由其内在的业态功能而确定平面形态和建筑体量，使得7座建筑形成微妙的外形差异，营造出高低错落的形态美。

11座建筑舞者在金鸡湖畔各展风姿又相互对话，与周边环境高度融合统一，共同展现出CBD区域的国际化形象。

服务型CBD公寓
152,000 ㎡

苏州W酒店
75,000 ㎡

商场MALL
350,000 ㎡

国际5A甲级办公楼
174,000 ㎡

通过业态的合理布局,使苏州中心真正成为24小时流动的城市

24小时流动的城市，全天候迸发城市活力

经过反复考察、研讨、论证，确认了商业35万平方米、办公17.4万平方米、公寓15.2万平方米、酒店7.5万平方米的业态组合。

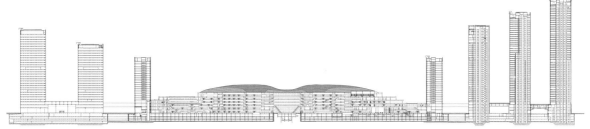

建筑群的高度及排布，经过了周密的考量

这，是一个城市综合体。商业、办公、居住、酒店、交通等城市功能在空间上高度融合，并在各功能间建立一种相互依存、相互补益的能动关系，从而使人、自然、建筑与城市有机共融，激发城市生命力。作为一个建筑有机体，它承载的功能与配比是否合理，是城市综合体能否持续发展的决定因素之一。这其中，最核心的要素是使得各种功能的目标客群具有协同性，在交叉中实现有效的互动与互补，达到集聚效益最大化。

这，不仅仅是一个城市综合体。它将成为引擎，引领着这座城市的发展，将活力辐射到整个华东地区。苏州中心植根于在地文化的同时，通过各业态的精心定位和准确配比，集"展示都市风貌""引领时尚消费""集聚现代商务""体验休闲文化"等多功能于一体，以国际化的视野来诠释苏州的现代城市生活。

经过反复考察、研讨、论证，苏州中心设置了总建筑面积约35万平方米的商业，其中包括1座30万平方米的一站式购物中心和1座5万平方米的潮流时尚精品商场；总建筑面积约17.4万平方米的4座国际5A甲级办公楼；总建筑面积约15.2万平方米的2座湖景公寓及1座建筑面积为7.5万平方米的现代奢华国际连锁酒店。业态布局综合考量经济效益与社会效益，创新地将商场、办公楼与酒店等公共业态排布于临湖位置，让更多市民共享一线湖景资源。

商业是激发城市活力的核心功能，也是人们公共生活的汇聚地。因此，苏州中心将商场设置于城市中轴线之上，通过地下交通、多层次连廊和退台式空中花园，将所有的功能业态和周边建筑、金鸡湖5A级旅游景区紧密地联结在一起。作为目前华东地区最大规模的单体购物中心，苏州中心商场从南到北的商业动线长达700米，集时尚零售、餐饮美食、休闲娱乐、文化体验等于一体，形成了家庭消费、时尚精品、体验业态及特色百货消费等多元化消费主题。

酒店是城市形象的展示窗口。苏州中心选择了代表着年轻、时尚、潮流文化的W品牌，与金鸡湖畔林立的高端商务型酒店错位竞争，成为苏地潮流聚集地。以"悬浮园林"为设计理念的苏州W酒店，其379间客房和60间服务式公寓提供顶级体验；三大主题餐厅提供一程珍馐美馔的味蕾之旅；在DJ演绎的动人节拍中，WOOBAR酒吧、FIT健身中心、AWAY水疗中心和WET空中无边泳池让宾客时刻体验梦幻之旅，重焕活力。

公寓是保障区域人气的重要业态。金鸡湖畔湖景公寓，畅享车行入户、三大堂和双会所配置，惬意体验智能科技系统的便捷和五星级物业的管理呵护，坐拥金鸡湖绝美湖景，将繁华与私密融为一体，既是理想的第一居所，也是绝佳会客之所。

楼宇经济是城市经济发展的动力引擎。拥有一线湖景的4座国际5A甲级办公楼，高低错落，依水而立，引入绿色办公概念，创造舒适办公环境，依托智能办公系统与畅通的交通网络，成为行业领军圈层和头部企业的首选入驻地。

50万人次的立体交通高效畅通

通过立体洄游动线的构筑和垂直动线的组合,实现了人车分流,构筑起多层次、全方位的立体交通系统。

交通是城市发展的大动脉,深刻影响着城市的空间外延、产业布局和人口聚集。作为新兴的城市中心,活力的集聚和快速的疏通都要依托良好的交通来实现。

地处CBD核心区域的苏州中心体量规模大、功能集成多,给交通带来巨大的压力。根据交通分析,在苏州中心投入运营后,区域交通流量还将以年均10%的比例增长。经过反复研究,项目打破各个地块内独立进行交通组织的传统方式,以TOD理念为基础,采用创新模式,跨地块、跨街区整体规划地上、地下空间,统一整合地面、地下道路及空中联系通道,全力构筑"层状立体交通系统",提升公共交通出行比例达到80%。

层状,即通过地下到地面再到空中的分层,将公共交通、机动车、非机动车、步行系统等多样化交通方式进行优化配置,达到人车分离、高效顺畅的目的。

地下二层设置两条地下环道,使项目内部车行交通和外部的星港街隧道直接连通,并将地下空间连为一体,增加道路线网密度,缓解地面车流交通压力,可将80%的车流快速分流至地下车库。

地下一层人行系统与轨道交通1号线、3号线无缝对接,并通过地下步行通道,将轨道人流与苏州中心各建筑体紧密地衔接起来。同时,货运通道为酒店和数以千计的商业、办公租户提供了便捷服务。苏州中心体量巨大且业态分布错落,按照快速导流、分层独立、循环全区的设计理念,货运动线设置于地下一层,与地下二、三、四层几千辆来访小型车辆进行分层管理,提高了各自通行效率。货运坡道设计遵循以下原则:出入口避开地面步行街人流出入口,确保建筑展示面的完整性及与人流动线互不干扰;通过科学交通模拟测算货运交通流量,出入口设置靠近市政道路,使货车快速导流;将南北地块的货运通道分别设计成环状通道,单循环通行,通过货运环路将各业态卸货区串联起来,充分利用地下空间资源又互不干扰。

地面配置有单循环车行道、公交车道和步行街。根据步行空间优先原则,沿地块外围实行机动车单循环交通组织模式,安全、流畅的行车环境与便捷人车换乘。

空中通过建筑连廊、屋顶花园、2座景观花园天桥和相门塘河岸步道,在建筑与建筑之间、建筑与金鸡湖景区之间,构筑起流畅洄游的人行动线。

交通组织上还利用垂直动线将地下通道、地面人行道,以及天桥和观景平台的动线进行有效地串联。通过层状立体洄游动线的构筑和垂直动线的组合,实现了人车分流,各种交通方式都能获得流畅、安全和舒适的体验,构筑起多层次、全方位的立体交通系统。

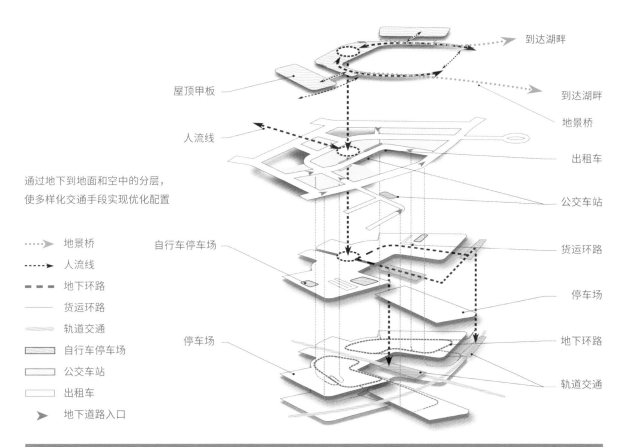

到达湖畔

屋顶甲板

到达湖畔

地景桥

人流线

出租车

公交车站

通过地下到地面和空中的分层，
使多样化交通手段实现优化配置

自行车停车场

货运环路

⋯⋯▶ 地景桥

停车场

▬ ▬ ▶ 人流线

▬▬▬ 地下环路

地下环路

货运环路

停车场

轨道交通

轨道交通

自行车停车场

公交车站

出租车

▶ 地下道路入口

通过商业环形的建筑形态、一体化的地下空间和空中连廊，所有业态都集聚在一起

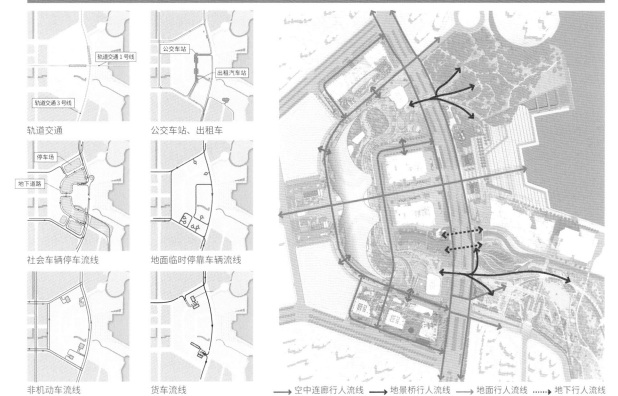

轨道交通1号线

公交车站

出租汽车站

轨道交通3号线

轨道交通

公交车站、出租车

停车场

地下道路

社会车辆停车流线

地面临时停靠车辆流线

非机动车流线

货车流线

→ 空中连廊行人流线　→ 地景桥行人流线　→ 地面行人流线　⋯⋯▶ 地下行人流线

4招打造低碳绿色综合体

除了绿色表皮，苏州中心还有一颗生态的"心"。

低碳城市是指城市在经济高速发展下，保持能源消耗和二氧化碳排放仍能处于较低水平的城市发展方式。与以往大能耗的城市运行模式相比，低碳城市通过多种策略组合来形成优化高效的经济体系以及健康低碳的运作方式，最大限度地减少城市温室气体的排放。

苏州工业园区是绿色低碳发展先行者，作为其核心区最耀眼的明珠，苏州中心使用4招全方位打造为绿色城市发展建设示范。

苏州中心设置了约6万平方米的空中花园，这层绿色"表皮"是目前国内规模最大的城市CBD空中生态花园之一，有效实现了对CBD高强度开发的生态补偿。空中花园多层次的景观体系和本地植物的复层栽植以及跨街地景桥的设置，创造出与金鸡湖畔城市景观融为一体的绿色立体城市花园，让建筑与建筑之间、建筑与景观之间紧密联结在一起，让这座综合体在城市环境中始终保持着绿色的"呼吸"。

苏州中心建成了国内规模最大的城市综合体集中能源中心。集中能源中心通过利用热电厂的余热蒸汽，夏季通过蒸汽溴化锂机组实现供冷，冬季经换热器实现供热，同时，余热蒸汽全年用于提供生活用热水。能源的梯级综合利用不但有效节能，也实现了区域热电冷联供；另一方面，集中能源中心的冰蓄冷技术通过电力移峰填谷实现了该区域电力负荷的平衡。

苏州中心建立了雨水综合管理技术体系，利用统一设计、整体开发的优势，在地块间统筹暴雨径流管理与雨水的综合利用，按照"集中处理、分别回用、按需定容、总量平衡"的原则，合理设计雨水收集、处理、利用和排放系统。

在整体开发过程中，苏州中心落实综合节材策略。一方面，充分优化了结构"骨架"，依据主体结构受力情况，钢筋全部选用HRB400及以上等级的高强度钢筋，裙房屋面采用钢结构体系；另一方面，对设计方案和使用材料进行了多轮次优化、比选，使建筑施工过程废弃物回收率大于75%，建筑材料含循环再造成份大于20%，建筑材料本地化比例大于20%。

苏州中心作为一个全新的城市中心，在以建设宜居低碳城市为目标的历史名城苏州，已经成为一个名副其实的绿色示范。

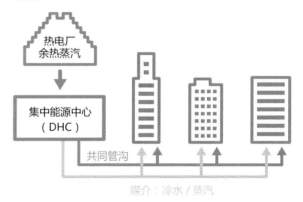

媒介：冷水 / 蒸汽

国内规模最大的城市综合体集中能源中心

对地域环境的贡献
通过能源的集约化管理，高效利用能源，降低不必要的损耗
通过共同管沟优化各类能源管线的排布，降低能源输送能耗

改善城市生活
降低城市环境负荷，使用城市热网蒸汽，避免高大锅炉烟囱对城市综合体景观的影响

给人带来的好处
可以获得品质稳定的冷热源，提高使用舒适度，并减少二氧化碳的排放以减少对城市的污染

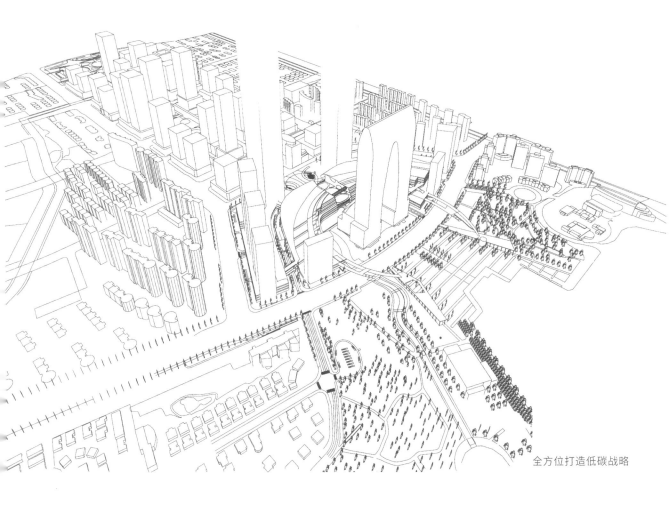

全方位打造低碳战略

利用天窗进行
大空间的自然采光

通过室内外绿化
为人们提供放松愉悦的环境

通过空调排风进行热回收,
预热新风,降低能耗,提高舒适性

采用可清洗,易维护,
过滤效率高的空调过滤系统

节水器具

通过Low-E玻璃实现高隔热性能
通过窗外的遮阳板遮挡日晒
通过自然通风器调节居室的空气环境

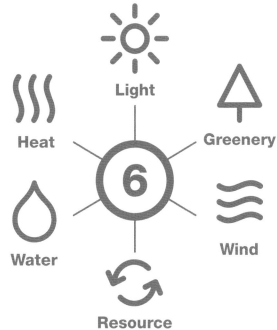

智造密码 · 探寻苏州中心
PLANNING CONCEPT · 规划理念

整体开发
Overall Development

　　苏州中心作为城市共生体，为发挥出最大的经济效益和社会效益，充分利用区位优势，采取了"统一策划定位、统一规划建设、统一运营管理"的模式，对地下空间和地面建筑进行了整体开发和综合利用。在这种模式下，苏州中心项目实现了业态布局的统筹安排、立体交通的总体布局、建筑风格的协调统一、绿色建筑的持续发展。整个项目同步开发、同期建成并同步投入运营，一气呵成。

集聚在"手电筒"头部的10个地块整体开发,实现了"统一策划定位、统一规划建设、统一运营管理"

10 个地块的整体开发，一气呵成

苏州中心"不走寻常路"，不同于常规的分地块开发思路，从城市规划的角度，提出了"统一策划定位、统一规划建设、统一运营管理"的整体开发模式。

在苏州中心项目启动的2010年，正值苏州工业园区成立的第16个年头。此时，园区的发展已经按照最初规划蓝图完成了第一阶段的目标——人口接近80万，基础设施基本完善，住宅和商业配套也基本能满足城市增长发展的需求。

从区域发展的情况来看，金鸡湖西开发已较为成熟，土地资源稀缺。形似"手电筒"状的湖西CBD区域规划的高层建筑已基本建成并陆续投入使用，却仍未形成一个有强烈吸引力和辐射力的格局。集聚在"手电筒"头部的10个地块，被园区政府视若珍宝，一直深藏未出，希冀借助湖西最后核心地块的开发，进一步推动园区产业的转型升级。

为了更好地发挥出核心地块的经济效益和社会效益，园区规划部门对地块的开发模式进行了多轮深度研究。是按照常规的分地块开发模式，独立出让10个地块？还是地下空间统一开发，地面分地块独立出让？或者更大胆一点，地面、地下都整体进行开发？经过反复研讨与论证，最终决定采取地面、地下整体开发的创新模式。

"整体开发模式"的选择基于以下三个方面的考虑。

首先，地下空间的整体开发是21世纪实现城市土地集约化利用最有效的发展手段之一。依据当时的城市规划设计，如果按照常规的开发思路，10个地块会单独进行土地出让，由持有方分别进行自主设计开发，将造成较大资源浪费。仅以地下停车场出入口的布局来看，如果10个地块各自开发其地下空间，每个地块最少需要2个出入口，则总共至少需要20个地下交通出入口。这种分地块开发的做法，对于地下空间来说会产生大量无法开发利用的边界缓冲区，既

浪费了地下空间用地又增加了建设费用，对于地面交通无论是在用地还是在管理上都将造成很大压力。而将10个地块的地下空间进行整体开发，则能够大大提升地下空间的使用效率，可以减少出入口，增加地下停车位，集中设置区域设备用房，实现无缝接驳轨道交通等。随着土地资源的逐渐稀缺，提高土地的有效利用势在必行，地下空间整体开发成为一个必然趋势。

其次，苏州工业园区需要一座具有宏大规模和标识性的建筑来打造崭新的城市名片。从城市设计角度，苏州工业园区启动开发以来，虽然在金鸡湖湖西CBD和湖东CWD区域陆续耸立起不少高楼大厦，呈现出城市新面貌，但它们通常是体量有限、功能单一的单体建筑，缺少能够展现园区时代新面貌的地标性综合建筑。因此，在地下空间整体开发的基础上，将建筑形态进行统一规划设计，将有助于打造城市地标，构建完美的城市天际线，进一步提升CBD整体形象，聚集城市精神内涵。

最后，对产业结构而言，当时正值苏州工业园区从第二产业向第三产业转型的关键时期，亟待打造一个具备足够吸引力和辐射力、可以支撑城市能级转型发展的综合性功能载体。同时，从地块内业态分布考虑，整体开发也将有利于10个地块间的业态统筹，避免邻近项目的同质化竞争。

基于以上考量，最终决定在"手电筒"头部的最佳区位，将10个地块化零为整，修编上层城市规划设计，采用"统一策划定位、统一规划建设、统一运营管理"的模式进行整体开发。一个规划理念先进、体量规模巨大、功能业态复合的地标性城市综合体，呼之欲出。

基于 5 平方公里宏观研究的区域交通

通过与星港街隧道6个出入口和两条地下环道，
可以将往来苏州中心的80%车流直接引导至地下车库，
仅20%车流由地面坡道7对出入库进出，使地面交通秩序良好、行驶顺畅。

在苏州中心开始建设前，围合项目用地的城市干道——现代大道和星港街的拥堵已成为一种常态。一旦113万平方米的苏州中心整体建成并投入使用，庞大的交通流量会瞬间爆发，对于原本已趋于饱和的城市交通无疑是"雪上加霜"。

基于这样的交通状况，项目在启动初期就组织专业交通研究单位，联合园区交通管理部门，对苏州中心所在地周边5平方公里区域内的交通进行了充分研究。结果显示，园区路网东西向交通容量不足，交通已经出现饱和；受湖西CBD进出交通的影响，星港街、星明街等南北向通道也已经处于饱和状态，CBD交通占比约50%。研究还预测，待苏州中心投入运行后，区域交通流量将以年均10%的速度持续增长。

依据该研究报告，为了缓解区域交通，在相关管理部门的支持下，从以下四个方面对项目内及周边的区域交通进行了整体部署。

第一，加强公共交通体系。以轨道交通为骨干，地面公交为辅助，提高公共交通出行比例至80%；轨道交通1号线、3号线直接对接苏州中心负一层；星港街东侧金鸡湖景区公交首末站及游客集散中心与项目紧密连接，通过跨街地景桥直接将人流导入苏州中心。从提升公共交通出行比例和公共交通与苏州中心连接度两方面，为苏州中心全面打造公共交通出行提供支持。

第二，实施星港街隧道及现代大道下穿立交工程。星港街隧道北起苏慕路南侧，向南下穿现代大道、三星河、苏绣路，上跨轨道交通1号线，下穿相门塘、苏惠路后接地，全长约1560米，设有6条联络道与苏州中心地下环路相连接。通过星港街隧道和现代大道下穿立交，实现该区域东西南北以及轨道、隧道、联络道、河道四层的立体通行，大大提升了该区域的通行量和通行效率。

第三，实施地下环道工程。苏州中心在南北地块各设置了两条长度均为800米的地下环道，这两条单向环形道路共有29个出入口与星港街隧道、地面坡道、内部各地块、东方之门及2座待建超高层建筑相连接。通过与星港街隧道相连的6个出入口和两条地下环道，可以将往来苏州中心的80%车流直接引导至地下车库，仅20%车流由地面坡道7对出入口进出，使地面交通秩序良好、行驶顺畅。

第四，在宏观区域交通布局的基础上，苏州中心还通过对内部交通组织的优化，进一步提升通行能力。比如，通过对车流量的全天候仿真模拟计算，优化出入口位置和尺寸，设计合理的车道数，来确保通行顺畅。通过优化停车场内部平面布置和引导动线，采用快速车牌识别及提前自助缴费等智能化方案，提升管理效率，优化消费者体验。

以上宏观区域交通的布局调整策略，最终为苏州中心构建起一个安全、顺畅、高效的交通环境。

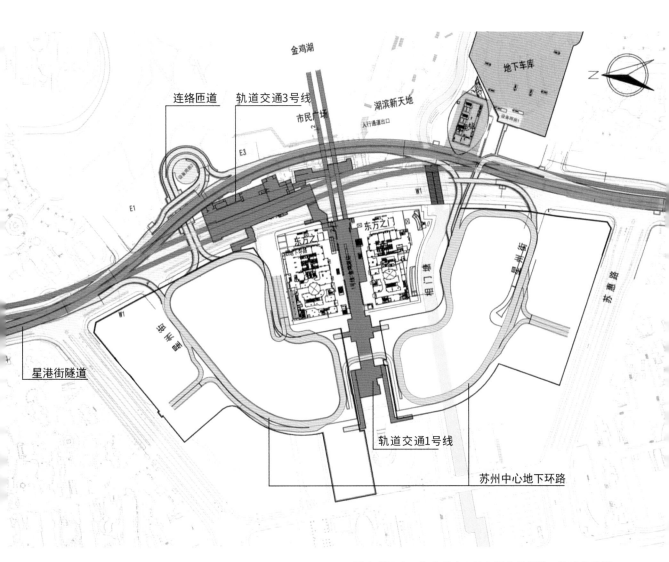

连络匝道　　轨道交通3号线

金鸡湖

地下车库

湖滨新天地

市民广场

入行通通出口

设备用房

东方之门

东方之门

星港街隧道

轨道交通1号线

苏州中心地下环路

区域交通研究，为苏州中心的交通布局提供了精准的依据

与金鸡湖景区融为一体的屋顶花园，是目前国内最大的CBD空中花园之一

26.6 公顷的景观设计，让绿意蔓延金鸡湖

在苏州中心商场的层层退台上，
种下四季果树与鲜花，让绿意从金鸡湖畔一直蔓延到建筑里。

根据苏州工业园区的惯例，在未出让土地上铺设市政景观绿化，既能展现洁净有序的城市风貌，又能为市民提供休憩的去处。在苏州中心启动建设之前，自由生长多年的开阔草坪和茂密的香樟林，已与当地市民生活融为一体：人们在树下欣赏波光粼粼的金鸡湖，在草地上奔跑、露营、放风筝，享受徜徉在大自然中的惬意时光……项目启动后，相关管理部门常常收到市民来信，要求保留这片草坪。

市民的呼声看似与规划蓝图矛盾重重，因为昔日的草坪上即将打造的，是一座规模巨大的高密度城市地标建筑。如何打破CBD钢筋混凝土森林的刻板印象，加强与金鸡湖景区的互动，还市民一个满足多样需求的立体公园，促进城市生活转型升级，成为苏州中心的重大课题。

在园区政府的组织协调下，苏州中心经过设计、研究，采取了"绿化景观联动"策略，具体通过以下两条组合方案实现。

一方面，从立体空间构建上紧密联系金鸡湖景区。苏州中心项目紧邻风景宜人的金鸡湖5A级旅游景区，却被星港街这条城市干道割裂开。在相关管理部门的支持和协调下，苏州中心对景观的研究超越了项目红线，设置了两座跨越星港街并种植常绿乔木的地景桥。这两座地景桥将苏州中心商场的退台式屋顶花园与金鸡湖景区从绿化组织和步行交通组织两方面联动起来，实现了景观绿化及步行动线的一体化。

另一方面，实现建筑第五立面的绿化参与度。林立的高层建筑让建筑屋顶成为不可忽视的第五立面。为了提高建筑使用率，建筑屋顶常常布置了各种设备、设施，无法进行有效的空间利用。苏州中心却反其道而行，在商场的层层退台上，种下四季常绿乔木和四季时花，并配合环境布置了各种游憩小景。

绿意经由碧意深深的金鸡湖景区，沿着两座跨街地景桥，一直蔓延到苏州中心商场三层，并继续一圈又一圈向高处蔓延，环绕"未来之翼"，将苏州中心变成一座真正的"垂直森林"。这片在空中生长的"垂直森林"，面积达到了6万平方米，是目前国内规模最大的空中花园之一。

春夏秋冬，四季时花在空中渐次绽放，诉说着时间流转；鸟类在这里筑巢、栖息；人们在"垂直森林"里与自然对话……在苏州中心，我们看到，人与自然和谐相处，而自然作为城市重要的一部分，和现代城市建筑一起，展现出郁郁葱葱的生命力，共同讲述自然与城市的共生语言。

3 种形态的泛光联动,传递现代城市与自然的对话

"未来之翼"和塔楼上的动态联动泛光,
加之点缀其中的内透光和泛光小品,传递着迷人夜晚城市与自然的亲密对话。

灯光的整体设计,让夜幕下的苏州中心成为CBD最具活力的视觉焦点

每当夜幕降临,灯光就成为一座城市的主角。作为中轴线上的地标建筑群,苏州中心呈现的夜景,是一番怎样的景象?

宏伟的建筑群上,一圈又一圈的渐变光环缓缓地在7座塔楼上渐次流动,未来之翼星星点点地闪烁着,像平静湖面上泛起的水波一样柔和灵动……如同简约的外立面,苏州中心的泛光照明既别具一格,又与周边建筑和谐共融。它是如此充满魅力,让夜幕下的苏州中心俨然成为城市中最具活力的视觉焦点。

从远处眺望,整体统一但不乏变化的塔楼外立面上,23000套条形灯和11023套点光源组成的横线条渐变光圈,由疏及密缓缓流动,聚焦于塔冠,形成升腾向上的视觉感受,时静时动,与东方之门相互映衬,让人从CBD林立的高楼间依然能感受到苏州中心散发的无穷力量。

从空中俯瞰,影影绰绰的塔楼群中,"未来之翼"点缀的5146个LED点灯,忽明忽暗,色彩斑斓,似落入凡间的点点

星光,似撒满湖面的粼粼波光。在灯光的映衬下,"未来之翼"呈现出极致的动感,似轻盈的"凤凰羽翼",振翅飞向漫天繁星。

沿着中轴线更走近些。透过世纪广场五彩的喷泉,商场中部的四条连廊形成一个巨大的发光面,与两块绚丽的巨型弧面百叶式LED屏幕,以及"凤园"一起形成一个璀璨的围合空间,维持着视觉焦点。"凤园"两端的树状观光梯外围玻璃幕墙上,点点灯光自下而上缓慢流动,如同源源不断地为"未来之翼"输送能量。穿过连廊,当东面的水幕开启时,映照着潺潺流水的缤纷灯光似凤凰的美丽颈项一般流光溢彩。凤园之下,商场一层的挑高中庭,内敛通透的暖色灯光,让人的视线跟随着城市中轴线穿透到城市的另一端。

"未来之翼"和7栋塔楼泛光动态联动,加之点缀其中的含蓄雅致的内透光和泛光小品,苏州中心整体泛光效果与东方之门的媒体立面共同打造了金鸡湖畔的视觉盛宴,传递着迷人夜晚城市与自然的亲密对话。

夜色中与波光粼粼的金鸡湖面呼应的苏州中心泛光照明

OBSERVATIONAL EXPERIENCE

02

OBSERVATIONAL EXPERIENCE
观摩体验

中轴线上的都会秘密
Secrets on the Central Axis

很多城市都有一条中轴线，城市建设、市民的生活空间都围绕它展开。穿过苏州中心的这条城市中轴线，在空间坐标轴意义之外，还展现了时间的延续，它一端连接着代表"老苏州"的古城区，一端连接着代表"洋苏州"的工业园区。一面是传承，一面是未来。

位于中轴线上的苏州中心，利用世纪广场、大跨度中庭、城市灰空间——凤园，并结合水幕墙进行一体化的建筑空间设计，使南北区商业有机连接，大量的人流得以快速集聚和中转，成为城市中轴线上活力十足的城市会客厅。

半开放式的通透灰空间形式打造了中轴线通而不断的效果

12000 平方米的城市会客厅，展现双重城市界面

苏州中心最终以半开放式的通透灰空间形式来谱写苏州中心和中轴线的紧密联系，达到通而不断的效果。

日落时分，从位于苏州中心三楼的半开放式平台——凤园向西眺望，苏州大道和它两侧矗立的高低错落的建筑，向前延伸形成一个聚焦点。金色的余晖强化了城市中轴线的进深感，几何形体的建筑群使人深深感受到这条城市中轴线的生动与活力。转身向东，近处的东方之门与烟波浩渺的金鸡湖，以及金鸡湖东侧的天际线形成了层次丰富的视觉盛宴。远处的游人缓缓走来，沿着中轴线进入中庭和凤园，继而前往各自的目的地。而每隔2分钟地铁输送而来的人流，也从中轴线向四处散开。

基于对功能与空间组合的充分考量，苏州中心在中轴线之上设计了一个总面积达到12000平方米，将巨大人流与丰富活动集聚一堂的城市会客厅。地下一层达3800平方米的宽敞轨道换乘区，地上一层净高9.5米、宽55米、面积达2700平方米的无柱中庭，三层40米挑高，面积达2000平方米的半开放式观景平台——凤园，38米高的大型树形观光梯，贯通三层至六层的景观连廊，以及60米宽、落差达22米的巨型立面灯光水景幕墙，和颇具特色的2个共5000多平方米的媒体灯组合屏，一起构成了这个的气势恢宏的巨大城市空间。

按照原城市设计要求，敞开的中轴线区域将整体地块一分为二，但割裂的商业动线，猛烈的穿堂风，和交错的交通组织，让处于苏州中心核心位置的商业面临着巨大难题。如果将南北商业简单连续起来，把这个区域纳入到商场内部空间，就会切断城市中轴线。经过反复讨论与研究，苏州中心最终以半开放式的通透灰空间形式来谱写苏州中心和中轴线的紧密联系，达到通而不断的效果。

地下一层，不同于通常轨道通道的狭小出口，苏州中心创新将接入空间扩展到1600平方米左右，延续商场的内装设计风格，将轨道换乘区打造为面积达到3800平方米延续商场形象的入口，兼具换乘人流交汇、商场形象展示与活动举办等功能。

地上一层，55米大跨度中庭用透明的超白玻璃以肋驳接点式幕墙构造围合，由于点式幕墙无边框、无立柱，对视线遮挡极小，让人的视线得以无限延伸。夜晚来临，暖色的内透光又将中庭空间变身为晶莹剔透的水晶盒子。这个大胆的设计，既保持了中轴线的视觉畅通，又保证了南北商业区的连贯和整体舒适性，堪称完美。

三层西侧，借助商场外墙和连廊的围合，顶部覆盖以"未来之翼"的U形区域——凤园，是一个高度达到40米、面积近2000平方米的巨大灰空间。凤园精心设计的流线型外挑阳台，成为眺望苏州城市中轴线及湖西CBD的最佳观景平台，也为城市活动提供了无限可能。透过"未来之翼"，自然光从富有韵律感的玻璃幕墙和格栅中洒下，形成了明亮惬意的光影。通过"未来之翼"带来的丰富视觉效果，为激活高层商业提供了良好的驱动力。

从西入口向东穿过中庭和连廊，来自湖面的巨大正负风压被32樘宽1.5米、高4米的巨型平衡门阻挡在外。而平衡门在液压泵和扭力轴的作用下，即使是儿童也可轻易推开，可谓舒适且便捷。走过凤园，穿越轻巧的海鸥形玻璃雨棚和巨幅水幕墙，就能拥有秀丽的金鸡湖景。

充满创新性的设计，经过空间、形式、功能上的综合考量，使中轴线上超大面积的空间成为名副其实的城市会客厅。

部中庭大跨度电梯，贯通空间流线

苏州中心在城市会客厅中建立了双首层的概念，
布置了12部大跨度电梯，从平面和垂直两个方向上延续空间流线。

每隔几分钟，轨道交通1号线和3号线就会为苏州中心带来大量的人流。人群涌入苏州中心商场地下一层中庭，又很快向四处散开。每时每刻，无数的人流从四面八方而来，汇聚到缤纷的城市共生体中。熙熙攘攘的人群穿梭在城市会客厅中，城市的活力即在步履不停中汹涌开来。

作为拥有日均15万、节假日30万、最高逾50万客流的超级购物中心，苏州中心商场通过在中轴线区域设置8部扶梯及4部垂直客梯的垂直交通设施组合，对到发需求最大的地面人流、轨道人流进行了有效组织。

在直接连接轨道交通1号线出口的地下一层中庭，除了地下商业通道以外，设置了5部扶梯。2部与一层挑空中庭连通，1部通向二层商业，2部提升高度达到19.8米的飞天梯则直接通向了三层的凤园，为从轨道涌出的人流提供了从地下一层直达一层、二层或三层的快速通道。

从西侧世纪广场进入的大量人流，不仅可以从一层挑空大堂进入商场，还可以通过中庭室外3部提升高度为13米的大扶梯，直接到达三层凤园。

人流在三层凤园汇聚，凤园因此成为又一个商场首层，商业价值大大提升。从凤园可方便徜徉于商场区，更可以漫步于东面的退台花园，信步穿越郁郁葱葱的地景桥到达金鸡湖畔。

通过扶梯，可以从轨道出口快速到达商场一、二、三层

特别显眼的是，凤园平台两侧还设置了2组共4部从地下一层商业空间直通七层商场屋顶的垂直观光梯。弧形骨架的观光梯玻璃幕墙，像大树一样不断向上延伸，与"振翅欲飞"的"未来之翼"完美连接，构筑出"凤栖于梧"的美好意象。夜晚，随着玻璃幕墙上点点灯光的缓慢升腾，使"未来之翼"成为了能量的源泉。通透的玻璃外装，配以氤氲的暖光，岿然矗立在熙熙攘攘的凤园之上，在动静结合之间保持着微妙的平衡关系。

通过错落有致的电梯组合和人性化的步行动线，苏州中心从平面到立体、从地下到空中，构筑了完善的人行交通系统。同时，结合景色宜人的景观退台、清晰顺畅的空间组织、冲击视觉的空间形态、丰富前沿的业态排布，与人行交通系统一起形成了便利而通达的空间流线，有效地实现了商业人流的聚集和疏散。

4部树形观光梯，不仅实现了垂直引流，更在纵向上与"未来之翼"进行形态延伸

世纪广场既是西侧的标志性入口，也是市民活动的重要公共场所

17000 平方米的世纪广场，活力多元

为了打造好世纪广场这个重要的户外空间，苏州中心从布局、景观及活力互动等多方面对17000平方米的世纪广场进行了精心的设计。

作为城市中轴线上的重要节点，17000平方米的世纪广场是展示城市形象的重要区域，是城市舞台，也是苏州中心西侧的标志性入口门户。

为了打造好这个重要的户外广场，苏州中心从景观布局及与活力互动等多方面对世纪广场进行了精心的设计。

世纪广场的景观采用了中轴对称的形式，由入口广场、主广场和两侧的下沉广场、香樟树阵组成，并布置了雕塑、造型灯柱、喷泉、高大乔木等核心景观因素以强化城市中轴线。

入口广场邀请法国艺术家Romain Langlois创作了形象雕塑《共鸣》作为整个广场的核心，用现代艺术大胆诠释了"一池三山"的传统造园手法。户外大台阶的布置，使苏州大道的街景、广场、商业建筑三者自然过渡，强化了建筑与广场的互动关系。

主广场的地面铺装利用包络线曲线的视觉延伸感与"未来之翼"屋顶曲线相呼应，给平面的广场增添了三维动感。中轴线两侧，1500平方米的L形树阵和高低错落的木质叠台，围塑出城市广场"聚集"的场所感。苏州的水文化深深地融入了世纪广场的设计之中，《共鸣》雕塑下的薄池，下沉广场南侧长度为70米的叠台水景，商场正门前260平方米、416点阵的音乐喷泉，还有多处流动的水景，与金鸡湖水遥相呼应，喷涌的水花迸发出了广邀宾客的如火热情和繁华商业的勃勃生机。每当喷泉开启，游客们驻足观赏留影，孩子们在四射的水柱中奔跑嬉闹，霎时成为城市活力汇聚点。

两块巨大弧面百叶式的LED屏幕完美烘托出公共空间的商业氛围

从主广场北侧拾级而下，1000平方米的下沉广场，是地下一层商业的接续。半户外的店铺布局，亦商亦景，极大地丰富了世纪广场整体景观的层次。

从苏州大道远远看过来，商场西侧主入口两侧悬挂的两块巨大弧面百叶式的LED屏幕特别抢眼。两块弧面显示屏，展示面积达2560平方米，总像素数量达682080，是全球分辨率最高、面积最大的百叶式屏幕之一。白天，屏幕关闭时，深咖色格栅完美融入建筑外立面中；夜间，屏幕开启时，单侧最长73米，高26米的巨大高清屏幕，给人以强烈的视觉冲击，完美烘托出公共空间的商业氛围，成为展示城市活力和商业形象的重要窗口。

世纪广场充分体现了苏州中心的创新思维和多元文化理念，水作为主要元素，为世纪广场增添了无限生机。

处于商场东立面的"银河水瀑",成为中轴线上一个重要的水意象

米高最大版幅水幕墙，与金鸡湖遥相呼应

古人常常用"兵无常势，水无常形"来形容用兵作战要像水的流动一样灵活多变，在这里，水的"因势而为"却成了一大难题。

夜幕低垂，华灯初上。到了夜晚的苏州中心，星洲街一侧五彩斑斓的"银河飞瀑"，就成为了点睛之笔。驻足高22米、宽60米的巨幅水幕下，耳边水声哗然，抬头望去，别具韵律感的彩色数码喷绘玻璃在灯光下美轮美奂。水幕和着灯光，有节奏地朝一侧渐次铺开，又渐次收拢。水流从顶部潺潺而下，顺着海鸥型玻璃雨棚汇聚到两侧的小池中，波光荡漾。远远地从金鸡湖畔望去，如同绚丽多姿的凤凰项颈。

作为苏州中心东立面最突出的视觉亮点，巨型水幕墙上的源源流水，给商业增添了热闹的氛围，成为中轴景观中延伸金鸡湖水意象的重要节点，也是苏州水文化的一种全新呈现。

但是，要使水如丝绸一般顺滑平缓地竖向流动，同时呈现出一定的画面感，却并不容易。古人常常用"兵无常势，水无常形"来形容用兵作战要像水的流动一样灵活多变，在这里，水的"因势而为"成了一大难题。

首先，让巨大的水流能从顶部快速流下，就要经过反复精确地试验。只有使背景玻璃的拼接足够平整，才能保证水流在汇入海鸥雨棚之前，水幕始终保持完整的画面感，不会被打散，也不会发生水花飞溅的情况。

其次，水幕墙高22米、宽60米，面积达到了1300多平方米。如此巨大的面积和高落差，要确保水幕均匀、舒缓地流动，形成一个完整平滑的水幕面，这就需要对幕墙上方喷头的位置和喷量进行精密的计算。

流光溢彩的水幕墙

而根据市场调研，建筑立面幕墙水景尚没有实际案例可供参考，因此，苏州中心只能牵头自主研发，分三步实现了水幕墙的设计效果。

第一步，着手考虑水流的物理性问题。经过自主研发和无数的实验调试，在调整喷头的布局、水量的大小，以及水幕墙的倾斜角度后，最终实现了顺滑的水流效果。第二步，着重考虑背景幕墙的图案展现。通过引进以色列专业设备，并邀请以色列技术人员专程来到现场调试，最终实现了巨幅幕墙的超长数码打印，呈现出色彩变幻的惊艳效果。第三步，为水幕墙配置了78组120W功率的洗墙灯，跟随水幕变化的节奏不断调整亮度与色彩，从而衬托出水幕墙的流光溢彩。

巨型的"银河飞瀑"，是商业与艺术，传统与现代的结晶，糅合出苏州融汇古今的和谐风貌。千百年来生长于阡陌水巷的苏州，以另一种方式阐释了水对于这座城市的价值。

独特的消费体验
Unique and Pleasant Shopping Environment

作为苏州中心的重要组成部分,商业业态以其城市中心的绝版区位,别具特色的建筑设计,合计35万平方米的超大体量,以及全客层的商业定位,和引领潮流的业态设置,每年吸引客流超过5000万人次,为广大消费者带来了全新的体验。

以凤凰展翅之姿"翩跹"落于城市中轴线上的超大型购物中心——苏州中心商场,在传统购物中心运营模式的基础上,更加注重当代人生活、休闲、购物等多个维度的融合,现已成为华东区时尚生活的必选地。北侧的小型时尚精品商场——星悦汇,设计精致灵动,定位时尚潮流,是一道亮眼的风景。

精心打造建筑空间和功能业态，人们得以悠然购享

超大尺度公共空间，营造极致空间感

万平方米的商场空间，兼具乐趣与悠然

在整体简洁、明快、大气的设计风格统一之下，
不同的主题消费区域幻化为不同的内装设计语言。

明亮而舒适的挑高空间，四通八达的人行动线，层次丰富的视觉效果，商业与自然切换自如的退台……作为苏州新一代的"城市地标"，体量达30万平方米的苏州中心商场是目前国内最大的单体购物中心之一，即使马不停蹄逛上一圈，也至少要4个小时。为将商场空间营造成一个舒适而惬意的购物天堂，苏州中心从前期设计到后期运营，都进行了精心策划。

通透的采光。苏州中心运用独特的设计构建了别具一格的第五立面造型，由10590个异型钢结构网格、3636个格栅和6554块玻璃幕墙共同组成了面积达35000平方米的目前全球最大的整体式自由曲面网壳屋面——未来之翼。商场内部，在不同区域根据业态需求，设置了7个总面积达3300平方米的采光顶，为巨型公共区域带来充足的自然光，使整个空间更加明亮、通透。加上"未来之翼"格栅形成的光影效果，使商场内部的视觉效果更加丰富，增添了顶层商业的活力。

超大尺度的公共空间。苏州中心商场试营业第一天，仅仅开业3小时人流量就突破了40万。但即使人潮涌动，行走在商场中也不觉摩肩接踵。这来自整个商场公共区域精心营造出的极致的空间感：最大单层层高7.2米，人行走道高4.2米、宽4米，无柱跨距达到25.2米，为消费者提供了高品质的通行标准。同时，商场共有7个大小不一的中庭，普遍宽度达到15米，最高的中庭挑空高度达42.5米，为消费者带来了宽阔舒适的空间体验，为上下楼层的租户提供了充分的展示面，同时能随时满足后期商业运营和公共活动的需求。

合理的动线与分区。在横跨4个地块，纵向7层、南北向室内步行距离近700米、商户数量近千家、面积达到30万平米的巨大商场之中，如何才能避免迷失方向呢？

首先是交通动线的精心规划。建筑中部三到六层的4个连廊将南北商业区连为一体。双首层的设计，使来者不仅可以从世纪广场进入一楼中庭，还可以通过世纪广场和地下一层轨道交通1号线出口中庭的飞天梯，直接到达三层凤园，然后通过凤园进入南北区商场，或乘坐树状观光梯直达顶层商场。抑或，穿过三层连廊，漫步退台花园，跨过南北两座跨街地景桥，直达金鸡湖畔5A级旅游景区。

其次是内装风格的精心设计。在整体简洁、明快、大气的设计风格统一之下，不仅是建筑线条和色彩的区分，甚至在玻璃材质、地面导向线条、吊顶开口造型、卫生间和电梯厅的设计、导视标牌中都能看出不同消费主题区域的个性化设计语言。

最后是业态布局的精心研究。苏州中心商场由北及南按照由低到高来确定业态定位，使整体设计中在达到连贯性、整体性的同时，又配合业态定位，做到南北区域各有特色，购物、休闲、娱乐、美食、文化完美结合。既可进行整体观览，又可进行目的性消费。

通过建筑空间和功能业态的精心打造，消费者在苏州中心商场可游、可购、可逛、可休憩，还可享受自然，更添一份乐趣与悠然。

多种户外活动的室内体验、屋顶户外运动场为消费者带来了别具一格的体验

个性化体验式商铺，引领新生活

苏州中心商场以引导消费需求的经营理念，创新引进了多种户外活动的室内体验业态。

在电商冲击下的实体商业，已经呈现出越来越多元化的格局。消费者在成长，市场也一直在变革。因此，苏州中心商场以引导消费需求的经营理念，布置了30+家体验式商铺，更为消费者创新引进了室外儿童乐园、顶层户外运动场，室内马术、滑雪训练、滑冰、电竞、卡丁车等多种潮流体验业态。通常，体验业态以户外居多，且对场地、设备设施的要求较高，一旦苏州中心决心将这些不同于常规的业态搬入商场室内，就意味着要在建设和运营上面临诸多困难。

以北区四层的真冰溜冰场为例。总面积达3500平方米、冰面面积为1800平方米的冰场，配套完善、硬件齐全，达到奥运赛事标准。冰面长60米、宽30米，要将这么高标准的无柱大跨度体育场馆空间融合在商场空间中，结构设计团队面临着严峻的考验。

首先是荷载难题。冰场位于商场北区四层，在保证下方三层商业的正常净高要求外，还需要叠加冰面重量和制冰系统、冰场维护设备重量，对楼面荷载要求极高。经过反复研究与测算，结构团队利用17条单向梁解决了结构荷载的难题。这种区别于常规十字梁的单向梁，除了承担荷载，还能将其设计成管线通道，将三层吊顶内的机电管线隐藏其中，有效保证了净高，因而在三层的人流丝毫察觉不到上方居然存在一个奥林匹克赛事标准冰场。

其次是大跨空间难题。冰场上方是一个高达20米，最大跨度达到45米的空间，冰场屋顶下方需要设置检修马道及

装修吊顶，屋顶上方还要满足绿化景观及室外体育场地的功能需求。针对大跨度、重荷载、多功能的要求，设计团队采用17榀3.6米高的单跨钢结构桁架组成了一个类体育场馆的钢结构屋面系统，将冰场的检修马道设备层、机电管线、灯光照明系统、屋顶功能活动与购物中心机电系统、内装吊顶进行集成化设计，让净高达16.5米的体育场馆完美融合在商场空间之中。

最后需要考虑的是绿色节能。按照标准，冰场温度需控制在18至21摄氏度，冰面温度控制在零下8至零下6摄氏度。为此，苏州中心商场为冰场配备了4台大功率制冷设备，以保证冰场、冰面温度24小时满足要求。与此同时，为了降低能耗，在冰场上方做了封闭式屋顶，利用商场回廊立面的自然光作为采光，减少温差。

又以南区六层室内马术俱乐部为例。马术是一项很好的体育运动，但将马场设置在室内空间，祛除异味、满足通风和马匹的运输都需要着重考虑。为此，苏州中心商场专为马场设置了12个通风口，保持高频率通风换气，杜绝异味。此外，在六层与七层之间还为马匹回圈设计了专门线路，确保马匹和消费者的相对隔离。

创新业态更需要背后完善的硬件支撑和严格的运营管理，为此，苏州中心商场才能不断引领潮流，为消费者带来全新的体验。

充分的行人风环境模拟，使得苏州中心的室外设施落位科学合理

惬享 16000 平方米亲子时光

向湖的苏州中心，处于CBD林立的建筑群中，既有迎湖而来的自然风，又有楼群中的穿堂风，各种气流又相互作用形成非常复杂的气流环境，这对空中花园和室外大型儿童游乐园而言是一大挑战。

位于北区三层的"儿童王国"，总面积超过16000平方米，囊括儿童教育、零售、室内外游乐设施等多种服务，能够同时满足全家老少的运动、娱乐、休闲等全方位消费需求。来回穿梭的"托马斯小火车"，高大的旋转木马，好玩的烘焙课程，品类繁多的儿童培训……无一不满足着孩子们的好奇心。

除了室内的游乐设施，更吸引孩子们的莫过于室外儿童乐园——奇幻乐园。奇幻乐园位于三层北区的室外花园中，占地2400平方米，既有适合中大童的攀爬设施，也有适合低幼年龄段的游乐项目，还有形态多姿的作为奇幻乐园的专属吉祥物——马斯科特鸟家族成员，他们栖息在乐园的各个角落，亦或临水而嬉，亦或隐匿树丛，悠然自得。面对着从金鸡湖畔吹拂来的微风，沐浴着温暖的阳光，享受着淡淡的花草清香，孩子们在婴儿秋千上摇荡，在五颜六色的爬网上攀爬，在滑梯上尽情滑行，在银镜湖桥洞中穿梭，在乐园里寻觅马斯科特鸟家族成员们的踪迹……安然享受着他们与自然的惬意时光。

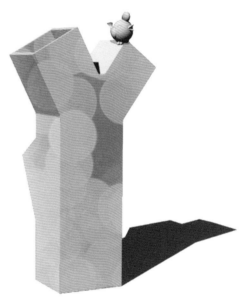

形态多姿的专属吉祥物——马斯科特鸟家族，踪迹遍布奇幻乐园

然而，向湖的苏州中心，处于CBD林立的建筑群中，既有迎湖而来的自然风，又有楼群中的穿堂风，各种气流又相互作用形成非常复杂的气流环境，这对空中花园和室外大型儿童游乐园而言是一大挑战。为此，苏州中心在室外项目实施前，做了充分的行人风环境模拟，对行人高度(距离地面1.5米的高度)在不同区域感受的风环境进行了充分评估，以此作为依据既可以推断出退台空中花园中适合种植乔木和灌木的区域，也可以指导室外设施的落位。比如，室外儿童乐园的落位，不仅考虑场地的面积，还要考虑场地的安全性和舒适性。通过科学的数值模拟，可以确定正对东方之门的区域风速较大，不适合做敞开的商业空间，但在北侧的三层平台，风环境温和，则是儿童乐园设置的最佳区域。可见，消费者每一次自然、舒适的体验，背后是看不见的严谨态度与科学论证在支撑。

300 平方米母婴空间，感受以人为本的初心

面向广大消费者的商场，到处都有令我们意想不到的精妙设计，于细节处表达着苏州中心以人为本的初心。

作为建筑与自然共生共荣的"城市共生体"，苏州中心以全新定位表达着"未来的城市绝不应该是冷冰冰的建筑森林，而应该是一个让每个身在其中的人都尽兴自在的乐园"。特别是面向广大消费者的商场，到处都有令我们意想不到的精妙设计，于细节处表达着苏州中心以人为本的初心。

商场里随处可见人性化的设施和服务。宽阔的走道两边，艺术化的公共空间里，点缀着颇具设计感的休息区域，让人在休憩之余，身心得到放松和陶冶。不论是传统节日、周年庆，还是世界杯这样的热点活动，总会有身着应景服装的客服人员，提供个性化的沉浸式服务。快捷的店铺导航系统、反向寻车系统、积分兑换系统以及现场互动指引系统则大大提高了便利度。

其中特别值得一提的，是苏州中心商场无微不至的母婴设施。商场在每个楼层的洗手间内都设置了细致周到的亲子无障碍卫生间。除此之外，还特别在北区三层为携宝出行的年轻妈妈们设置了面积达300平方米，设施齐全、温馨舒适的大空间母婴中心。

进入圆弧形大门，地面是如"大黄鸭"一般软萌的明黄色调，墙面是南极企鹅宝宝和身后的温柔蓝天。门口的儿童游乐区里，排排坐的小动物让宝宝们开心不已；里间，育婴台、洗手池、哺乳室等周到的设施设备，让妈妈们可以安心照顾年幼的宝宝；儿童睡眠室里，高效的隔音材料让小天使们能够在室内酣然入睡。有了这样舒适的休息场所，年轻的妈妈们再也不怕携宝出行啦。

在现代化的城市生活中，人们愈发渴望能够拥有一个理想的城市空间，可以满足生活、工作、休闲等各种需求，无需寻觅便可享受进退得宜的从容。城市因人而鲜活，人因城市而精彩。

人性化服务，表达以人为本的初心

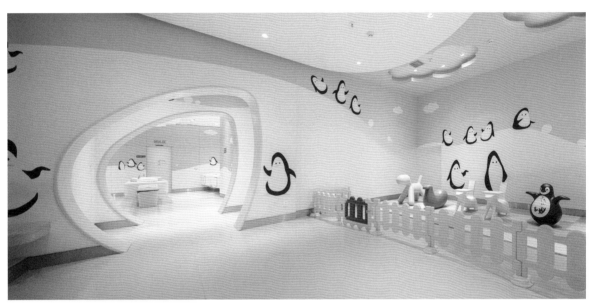

位于商场北区三层的母婴室色调温暖

多维度的精心打造，给与个体最舒适的空间感知

种感知，打造你的专属时光

苏州中心商场更加注重感知的体验，从视觉、嗅觉、听觉3个维度来塑造品牌个性。

一走进苏州中心商场，明亮宽敞的空间中，萦绕在呼吸间的一丝独特香氛，以及耳边响起的轻柔乐声，令人不知不觉放松下来……

一个空间，给人留下的记忆，仅仅是视觉画面吗？远远不是。多维度的感知，更让人对一个地方"记忆深刻"。作为一家别具特色的购物中心，苏州中心商场更加注重顾客感性的体验，从视觉、嗅觉、听觉3个维度来塑造品牌个性。

在视觉上，商场用舒适的挑空中庭、大尺度走廊、现代简约的内装风格，配合以陈列精美的商铺和设计感十足的艺术品，"悦目"进而"赏心"。商场还聘请了专业的灯光顾问设计灯光，暖色的灯光营造出整体的温馨感，并根据不同区域、不同业态的需求，调整灯光照度，在细微之处求变化，更好地提升顾客的体验感。

在嗅觉上，有研究表明对香气的记忆，比影像更持久，美好的香味有助于增加消费者对商场的认知及记忆度。从鼻尖萦绕直到沁人心脾，芬芳的气味不仅能美化环境，还能增加购物舒适度，让消费者心情更加愉悦。

在听觉上，专业的音乐公司为消费者挑选了专属的应景音乐。炎酷暑日，明快轻柔的音乐给人带来一丝清凉；冬日北风凛凛，温馨热情的音乐会给人暖意；不同的节日、不同的庆典活动，都能通过不同风格的音乐带来独特的庆典氛围。

个体对于空间的认知，是渐进的、感性的，苏州中心通过3种与生理最密切的感知体验，将这种认知不由自主地植入顾客心中，营造出熟悉的空间记忆。

利用三维层次叠加和曲线表现手法的退台式花园，让行走充满流动感

空中花园上的"苏州中心景",漫步城市花园

身处城市中心的人们不用远赴林间,即可走进自然,近距离感受到四季更替给人带来的欣喜。

在苏州中心商场退台式的空中花园中移步换景,视线所及之处,或湖天一色,或绿茵如碧,虽地处城市中心,却能置身喧嚣之外。

苏州人自古爱构园。苏州中心商场的退台花园,借鉴"叠山、理水、建筑、花木"的造园四大要素,从立面、动线、植物、照明、室外景观、水景等方面来精心构筑。消费者在商场内购物的间隙,也可以立刻移步到户外享受绿色,带来自然环境与商业氛围的双重感受。

在建筑设计上,苏州中心一改传统购物中心的封闭形式。自商场三层起,室外露台逐层上升内退,直至七层屋顶。蜿蜒优美的退台曲线延伸近700米,不仅使巨大的建筑立面得到柔化而更加律动,整个建筑的东侧因此获得了巨大的造景、活动、行走空间。这一设计也完美契合了项目关于建筑与城市共生的理念,使得退台花园、地景桥、金鸡湖5A级旅游景区密切联系、依次展开,辅以丰富植栽、景观小品,形成了西高东低的完美建筑形态,获得了最佳的城市视野和空间感受,成为市民共享的城市花园。

在植物的选择上,6万平方米的空中花园"四季有花,四时有果"。初春,樱花、海棠、毛鹃、紫鹃渐次开放;盛夏,绣球花团锦簇,石榴、枇杷、杨梅点缀其中;仲秋,金桂花开,沉香扑鼻,桔子、香橼硕果累累;隆冬,树木常青,红梅傲雪开放……身处城市中心的人们不用远赴林间,即可走进自然,近距离感受到四季更替给人带来的欣喜。

在景观小品的摆布上,"苏州中心10景"让人充分感受到都市后花园别致的美感。北面,六层的"冰舞雪霁",与室内冰场相邻,采用特殊铺装模拟冰场冰刀痕迹;四层的"映月莲池",传达着东方意蕴;三层的"奇幻乐园"让孩子们尽情拥抱自然。南北两侧三层至六层室外水阶"北石涧"和"南翠溪",模拟山间石涧,在绿色掩映下流水潺潺,使宁静的花园充满了欢愉气息。位于中轴线上的"银河飞瀑",结合建筑幕墙形成气势壮观的幕墙飞瀑,夜间灯光变幻更是美轮美奂。南面,六层的"戏台松影",以松类常绿背景搭配开花小乔木,营造休闲小舞台的戏剧感;五层的"紫藤花语",花开时节,平添一处浅紫色的梦幻之境;四层的"小园眺景",以植栽围塑的小空间为人们提供了休憩及小赏之地;三层的"许愿玉盘",汇聚了"南翠溪"之水,以现代手法传承了"虎丘山枕石"的古老故事。

夜晚,花园东立面利用灯带勾勒出退台花园和树木的优美形态,"北石涧"和"南翠溪"旁石阶上明度不高的条形灯串,让夜间花园的淙淙流水明灭不定。而同时,中央水幕墙绚丽多姿的灯光呈现出动态彩幕效果,营造出动感时尚的氛围。

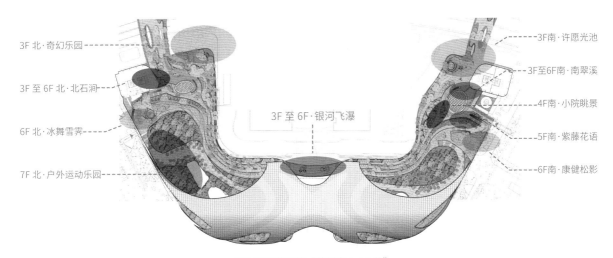

3F 北·奇幻乐园

3F 至 6F 北·北石涧

6F 北·冰舞雪霁

7F 北·户外运动乐园

3F 至 6F·银河飞瀑

3F南·许愿光池

3F至6F南·南翠溪

4F南·小院眺景

5F南·紫藤花语

6F南·康健松影

遍布空中花园的"苏州中心10景"

充满未来感的星州街一景

100 米长的步行街，
丰富了CBD的四季表情

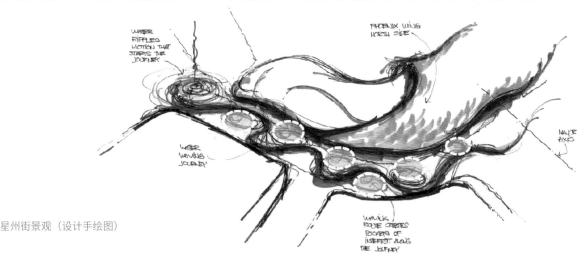

通过景观小品、小型商业的组合设计，

把星州街打造成了市民的休憩长廊，

在寸土寸金的CBD，开辟出一条随意闲适的都市慢地带。

星州街上的"球形"小建筑（设计手绘图）

作为建筑的点睛之笔，景观小品不可或缺，承担了美观和功能的双重使命。

星州街(步行街)是苏州中心景观的核心地带，在充分考虑城市功能的基础上，通过景观小品、小型商业的组合设计，把星州街打造成了市民的休憩长廊，在寸土寸金的CBD，开辟出一条随意闲适的都市慢地带。这里有滑板少年，有打闹嬉戏的小朋友，有轻松惬意的妈妈们，还有晒太阳的阿婆……四时花开不同，四季商业繁荣，行走其间，充满自在和惊喜。

星州街以抽象风格，打造出一系列充满未来感的景观小品。其中，最引人瞩目的，就是那排白色"球形"小建筑。它们如同一个个太空舱，在城市稍作停留，时刻准备下次航程。别小看这排小建筑，体量虽小，工艺却不简单。为了完美呈现设计师笔下的双曲造型，现场无法使用传统的钢筋加混凝土进行制作。经过几十次选样比对，最终决定将韧性极高的法国进口UHPC超高性能混凝土与日本进口高强度钢

纤维混合制作，经过计算机模拟得到最佳级配，这种新型材料可达到最密实效果，而且兼具强度、韧性和耐久性。材料选定后，采用三维数控机雕刻双曲模具和喷射工艺进行分块加工，最终现场拼接而成。

星州街，穿过世纪广场，串联起了整个苏州中心。市民在此或坐或倚，都十分惬意。

星州街的白天活力动感，到了晚上又多了几分"魔幻"。夜幕降临，花园中的身影"漂浮"而坐，玄机来自马赛克花坛。花坛整体外形呈现多曲面螺旋形，下设LED灯带。到夜间，灯带就将坐凳轻轻托起"漂浮"在半空中，充满轻盈之感。由于坐凳为不规则多曲面螺旋形造型，无法通过工厂批量预制，需要在现场用钢筋及钢丝网片绑扎焊接，并浇筑填充混凝土后，使用GRC材料根据设计线条进行人工塑形，从而达到美观舒适的要求。而花坛坐凳表面的渐变式陶瓷马赛克，为了实现图形拼缝自然过渡，也经过了多轮打样、精确的电脑排版及现场反复试拼才最终呈现出如此美丽的模样。

星州街景观（设计手绘图）

悬挂于商业空间的艺术品，无形中拉近了艺术与人们的距离

只冲浪的风筝，赶潮星悦汇

流动的曲线、流动的天幕、流动的光线、流动的艺术氛围，形成一个精致灵动的空间。

星悦汇外立面倒影了金鸡湖，灵动跳跃，内装设计巧妙地利用大面积采光顶和二层到四层的波纹状走廊，大大增强了中庭的空间感，从立体空间上，延展了室内的感受边界。流动的曲线、流动的天幕、流动的光线、流动的艺术氛围，形成一个精致灵动的空间。

而星悦汇中庭悬挂的艺术品，似乎是灵动氛围的酵母，发酵了整个商场的艺术气质。是风筝？是五彩的云朵？是遐想的仙子？……关于星悦汇中庭悬挂的艺术品，在100个人眼里，有100种联想，这也正是艺术的魅力。46只"冲浪的风筝"出自荷兰艺术大师Peter Gentenaar手笔。午后阳光倾泻，"风筝们"投下了大大小小的影子，光影交错，让星悦汇沉浸在艺术的海洋之中。

位于星悦汇三层和四层的街角七号，又是另一种风格。4000平方米的特色街区，是知名的特色文艺"打卡地"。

入口处便眼前一亮——由超过2万片的彩色亚克力片手工拼装而成的艺术装置"少女之梦"，营造出五彩斑斓的童话世界。

红色大邮筒所在的时间广场，是街角七号的轴心。旋转楼梯环绕大邮筒，连接了三层和四层。四层顶部的条形五彩时针圆盘提醒着我们，光阴易逝，真爱永续，时间广场由此得名。

围绕邮筒，全世界的建筑风格在此交错，蓝白地中海院子、民国风情小巷、哥特建筑教堂窗花……诸多文艺小店散落其间，串起街头巷尾的故事：转角，偶遇"梦露的裙摆"，还有躲在屋后偷拍的狗仔雕塑；巷尾，卓别林造型雕塑安静地坐在长凳上，再现百年前的黑白默片；转角，"花样年华"中的主角背影触手可及，空荡荡的黄包车寂寥孤单……转角不经意的邂逅，总有故事的发生。

5万平方米的星悦汇，不仅是格调高雅的商场，更是社交聚会、摄影取景胜地，还是话剧音乐剧表演、艺术展览、节日告白、品牌发布等的首选之地。潮美星悦汇，营造了一个沉浸遐想的艺术时尚空间，为苏城年轻人创造了一座潮流时尚打卡地。

每一个转角间都隐藏着些许小确幸

办公与栖居

Overlook a Lake Lit by Office and Home Lights

　　7幢立面统一的塔楼形成了协调的沿街城市立面。其中2幢精装服务型CBD公寓拥有金鸡湖一线湖景,4幢5A甲级办公塔楼作为苏州 "楼宇经济新名片",构建绿色、品质、专业服务的国际化卓越办公空间。

　　无论办公还是居住,都拥有苏州中心无可取代的CBD核心区位、便捷的城市交通以及5A级旅游景区的大环境。同时,在室内小气候、空间设计、智能管控等小环境的构造上,苏州中心也经过了精心的考量,不遗余力打造具备高端品质的入驻体验。

A/B座办公楼2500平方米的艺术大堂，暖色调内透光彰显独特气质

3200 平方米的艺术化大堂，彰显独特气质

作为建筑最先展现给来访者的空间,楼宇大堂具备着极其重要的"门面"作用,被称为仅次于建筑外观的"第二形象"。

2500平方米的宽广空间,16米的挑高,通透的采光顶,大理石斜切双曲墙面中间的潺潺流水缓缓落下,汇入深色大理石地面,形成一个薄薄的水面。水面右侧,"漂浮"着英国艺术家Thomas Heatherwick的银色《波纹椅》;休息区,陈列着新西兰艺术家Ben Young的《波浪》。你可以轻踩着脚步欣赏会儿艺术品,也可以站在水池前静静听会儿流水声……走进这样的空间,你一定以为这是一个以水为主题的艺术展览。殊不知,这就是苏州中心A/B座办公楼大堂。

对一栋办公楼宇而言,大堂的重要性不言而喻,它作为建筑最先展现给来访者的空间,是"门面",被称为仅次于建筑外观的"第二形象"。正是为了更好地提升空间气质,苏州中心为4幢办公楼都打造了极具艺术性的大堂,通过这个入口,可以更好地展示业主及入驻企业的形象。

A/B座办公楼2500平米的艺术大堂,以暖色调和斜切双曲大理石墙面中和了棱角分明的硬朗,并将代表着生机的水元素——也是苏州的重要地理元素,引入办公空间。水流的灵动声律,水池的阵阵涟漪,静静躺在池边的波纹椅……这种东方式的冥想情怀,既超越了中规中矩的商务空间装饰,也用精神空间的营造对现代商业提出了几分思考。

C/D座700平方米的办公大堂则更显简洁大方的气质,

以灰色系为主色调的长方体空间挑高达到了11米,空旷大气。其中C座延续垂直水流的立面小景,结合暖光灯箱,为安静的大堂增添了生机与活力。入口的艺术作品《飞翔与森林》,通过"站立"在水中的22只不锈钢飞鸟雕塑,展现生命中的成长与胜利。D座的入口,则摆放了一座7米高的雕塑《云树》,仿佛是从顶部玻璃采光顶中流泻下来的云朵,在这里形成一颗轮廓柔软而富有流动感的树。向上的韵律,充满诗意的想象与周边的车水马龙相互映衬,寓意着苏州中心对于新时代繁荣景象的向往与祝愿。

通过艺术化入户大堂的打造,极大提升了办公的入户体验,使人身处CBD核心,也时刻保持从容自在。

C/D座700平方米的艺术大堂设计风格简洁大方

苏州中心办公楼的绝佳区位和舒适环境

27 部电梯智能预选，实现办公迅捷通畅

如果没有进行合理的垂直交通管理，

上班前的"最后一百米"出现交通拥堵，在蓬勃朝气的早晨，实在不是件令人愉快的事。

刷卡、电梯自动派分、乘坐电梯、到达办公地点。在苏州中心的4幢办公楼，通过高效的27部电梯，极大缩短了办公人员每天早高峰的电梯等待时间。

对于一座城市中心，规划设计总是会想方设法为它配备完善的外部大交通。比如，区域性的交通整合和立体交通为苏州中心提供了足够的人流承载力。但是，对于每天驻扎在一幢人员集中的办公楼中的通勤族来说，"最后一百米的高峰时段"，也是亟待解决的问题。

如果满负荷运转，苏州中心的4幢办公楼大约可以容纳14000人入驻。试想，当大量的人群在上班高峰时段，通过各种交通形式迅速在办公楼聚集，却在一楼大堂到所在办公楼层的"最后一百米"出现交通拥堵，在朝气蓬勃的早晨，实在不是件令人愉快的事。

为此，苏州中心为办公楼一共配备了27部高速电梯，运力十足。同时，电梯的预选系统还进一步提高了办公效率。通过刷卡门禁，系统能读取到你的办公楼层，会为你自动选配一部电梯。当获得提示后，你只要安心等待"属于你的那趟电梯"将你送达就好，大大减少了等候时间。

当然，舒适的办公环境是全方位的。除了高效便捷的电梯外，温度适宜、空气流通和模拟自然风也都在细致的考虑之中。苏州中心办公楼拥有苏州首个PM2.5空气净化系统，经过中效袋式过滤和高压静电过滤的优化组合，能有效去除92%的PM2.5，保障室内空气清新。采用Low-E玻璃幕墙，隔热、保温效果优异，配置的VAV变风量系统可根据室内设定温度和监测温度的变化，相应调节送风量，以达到温度的动态平衡，形成"冬暖夏凉"的惬意感受。通过幕墙通风系统，能自动过滤户外空气并遥控调节风口大小，满足过渡季节的自然通风需求。

苏州中心的办公楼以绝佳的区位和舒适的环境，丰富的配套和便捷的交通，商务氛围与交互氛围互相补充的混合圈层业态，为各行业领军圈层和头部企业的交流、碰撞和激发能量提供了绝佳条件。

上班前最后一百米的从容

舒适的办公环境，内外兼修

25万平方米Low-E玻璃幕墙，平衡小气候

选用热传导系数较低的Low-E玻璃作为外幕墙，从而创造了"冬暖夏凉"的舒适小环境。

自然的采光、舒适的温度、清新的空气、通透的大景观视野，在位于金鸡湖畔的苏州中心办公，既有高端品质带来的极致体验，也少不了舒适小环境带来的一份惬意。其中，25万平方米Low-E幕墙玻璃的使用，就为这一份舒适惬意做出了很大的贡献。

自20世纪以来，玻璃幕墙作为现代主义建筑最主要的语言，开创了全新的建筑美学。从外部看，玻璃幕墙建筑轻盈大方，从内部看，通透清晰的玻璃幕墙开阔了景观视野，令人身居其中而怡然自得。但是，玻璃幕墙的缺点也很明显，冬天更容易耗散室内的热量，炎热的夏季也无法阻隔高照的艳阳辐射。

因此，苏州中心为7座塔楼选用了三层夹胶中空Low-E玻璃幕墙，总面积达到25万平方米。这种镀膜的玻璃幕墙，广泛应用于欧美等发达国家，具有优异的隔热、保温性能，可降低室内外温差引起的热传递。普通的中空玻璃热传导系数为2.3左右，而Low-E玻璃幕墙的中空玻璃热传导系数为1.9左右，在寒冷的冬季，它能有效阻止室内的热量泄向室外，比普通玻璃的节能效果高出30%以上，从而将制热费用减少了近1/3。到了炎热的夏季，人们感受到的热度很大

一部分来自透过窗户直接进入室内的太阳辐射。Low-E玻璃幕墙具有的热反射功能，既能反射室外的太阳辐射热、阻挡紫外线，也能尽其可能减少室内外温度的交换，从而有效降低空调使用能耗。

正是通过这看似简单的Low-E玻璃幕墙，在苏州中心任何室内能获得"冬暖夏凉"的舒适感受。

塔楼的Low-E玻璃幕墙能大幅减少室内外温度的交换

三层夹胶中空Low-E玻璃幕墙创造舒适办公环境

公寓全玻璃幕墙的立面设计，可以获得超广角的景观视野

湖景公寓，270度视野尽享CBD都会盛宴

建筑错落布局，确保每一栋建筑拥有最好的景观视野，透过全玻璃幕墙的立面设计，将270度超广角景观收入眼底。

清晨，随着公寓楼的智能窗帘缓缓升起，第一缕阳光映入眼帘，新的一天开始了。

7点，跟随那些矫健的步伐，穿过私家花园，走过地景桥，进入香樟园，向金鸡湖畔阔步向前，感受一座城市最宁静的呼吸。

12点，"烟火气"升起来了，居住在此的人们，通过郁郁葱葱的空中花园，或前往苏州中心商场，在放松的午时挑选美食犒赏自己，或回到家中，享受闲适的午憩时光。

19点，夜幕降临，亮起璀璨灯火的苏州中心化身为一座城市生活的舞台，"托举"起一个个作为城市主角的我们，在这里休憩、看景、小酌、漫步、聚会。

……

往前一步是金鸡湖5A级旅游景区，往后一步是城市中心。位于金鸡湖畔的苏州中心，将这样的理想付诸于现实。两幢坐落于CBD核心区的湖景公寓，共计15万平方米，与办公、商业、W酒店融为一体。不仅如此，金鸡湖5A级旅游景区近在咫尺，这是绝无仅有的自然"拥有"，实现了公寓居客心中的苏州"双面绣"。

一半是都会的璀璨，一半是湖光的旖旎。无论窗前是什么样的风景，一切如你所见，都是这座城市最美丽的一面。两幢公寓楼，采用建筑错落布局，确保每一栋建筑拥有最好的景观视野，透过全玻璃幕墙的立面设计，将270度超广角景观收入眼底。建筑朝向经过数十轮的设计调整以最适合的角度扭转，让不同的户型都可以看到不同的美妙景观。时光荏苒，四季流转。无论时间如何变幻，这座都会中最美的风景都被定格在窗前，仿佛一场流动的盛宴，驻留在永恒的记忆深处。

2幢公寓，当然也与其他业态一样享受着一体化的配套，立体交通便捷迅速，超大型商业中心精彩纷呈，国际5A甲级办公圈层精英汇聚。通过地上、地下一体化开发，利用空中连廊和空中花园，住宅与其他业态融为一体。与大多数城市中心区的垂直混合建筑不同，2幢湖景公寓相互独立，分别拥有自己的花园、会所、厅堂，拥有独立的管理界面与高级别的物业管理，24小时为住户提供自然、舒适、安全的私密居住体验感。

四季流转，窗前风景永驻

私密与礼序同美,营造 重价值

我们对理想居所的追求,早已超越了配套齐全、便利迅捷等基本要求,
我们还希望与自然共生,在城市的繁华与自然之间自由穿梭,而又不被繁华所烦扰。

一层层褪去都市的喧嚣,回归心灵的静谧与优雅

在风光旖旎的金鸡湖畔看完恢弘浪漫的音乐喷泉,沿着中轴线到达苏州中心商场的恢弘大堂,再来到商场三层,隔着水瀑布与金鸡湖遥遥相望。脚步随着空中花园的曲线型轻快起来,每一步都是曼妙都会丰富的生活场景,沿着南面的空中连廊便径直进入了公寓花园。

从春色满园步入大堂,作为主人会客的"厅堂",可以驻足观赏线条圆润流畅的艺术品《海螺》和《同舟》,感受艺术家的浪漫情思。乘坐电梯"登高",一个宽达3.6米的电梯候梯厅,营造了气势恢宏的"候梯礼序空间"。

进入居室,蓝色湖景便映入眼帘,室内以米棕为主色调,典雅、简约却不失大气的空间舒适大方。大气沉稳的色调中配合局部色彩点缀,是平稳底子下的几抹轻快舒适。正

是这克制,让苏州的雅致文化底色浸润其间。

在承袭古典之外,伴随智能时代的到来,智能家居的深度交互也必不可少。下班前,住户即可通过手机远程开启空调、地暖和新风系统;在家时,门禁系统可以帮住户足不出户即接待访客——只要用卡轻轻一刷,电梯就会自动为你"接驾"访客。

"与山为伴,与水为邻"。我们对理想居所的追求,早已超越了配套齐全、便利迅捷等基本要求,我们还希望与自然共生,在城市的繁华与自然之间自由穿梭,而又不被繁华所烦扰。从城市最热闹的会客厅走回自己的秘境花园,一层层褪去都市的喧嚣,回归心灵的静谧与优雅,或许这才是最美的东方礼序。

气势恢宏的"候梯礼序空间"

停车体验
Well Served
Parking Experience

　　为了实现车流及时的疏导,苏州中心通过44万平方米地下空间的整体开发,建设了2条地下市政环道,保证车流在地下"顺畅"呼吸,地下停车场根据地块及业态功能不同,分为7个停车库,共设有停车泊位4433个,并利用从外部区域到项目内部的三级标识系统,进行直观明了的引导。通过人性化考量,利用停车引导系统(PGS)和反向寻车系统,使停车场管理智能化。同时,双线停车位、特色停车位、人行引导等细节的设置,让每位消费者充分感受到这座城市的包容与便利。

三级标识系统，7个车库精确引导

要使这些川流不息的车流找准出入口，
有序停驻或加速驶出停车库，就需要一个高效精确、智能化的交通引导系统。

作为城市发展的新引擎，源源不断的人气在这里集聚，每天平均有万余车次要在这座新的城市中心停留。为了更好地满足停车需求，苏州中心的南北车库根据地块及业态功能，设置了7个停车库，停车泊位共计4433个。

根据前期的交通流量预测，为了实现车流在超大停车场中有序通行和停驻，苏州中心设置了58个进出口闸机。其中地面设置7对出入口，地下二层的地下环路共有29个出入口，其中6个出入口连通外围市政隧道，7个出入口连通地面坡道，12个出入口连通地下内部各地块，预留4个出入口连通周边东方之门及后期超高层地块地下室。

要使这些川流不息的车流找准出入口，有序汇入停车库，就需要一个智能、高效、精确的多级交通引导系统，避免车辆在进入项目区域后由于停车场饱和而出现的巡泊现象，造成无效交通。因此，苏州中心根据不同区域范围内的行车目的，采用悬挂指示灯箱、墙面、柱面、地面立体引导等多种方式，建立了三级内外引导标识系统。

一级引导，是在下高架和主干道的1公里区域内，设置导向苏州中心的交通导视牌，对将苏州中心作为目的地的车流进行引流。

二级引导，是指从项目四周市政道路到项目内部的交通引导系统。星港街上，就有交通路牌指明车库、各种业态的方向与剩余停车位。当车行至路面车库入口时，立式指示牌和门楣指示牌，都能显示车库编号及停车位信息。

三级引导，是指地下环道以及地下停车场内部的标识系统。通过在墙面、地面、空中、立柱全方位的标注，在不同区域利用不同亮色系，构建起"和而不同"的立体化标识系统。比如，地下环道统一选用显眼的亮黄色涂装墙面，各地块车库用7种不同的颜色来区分。在空中，白色文字吊牌指向到达目的地，黄色文字吊牌指向出口，且均标明具体距离。在地下环道中，结合电子指示牌，在立柱及吊牌多点位，实时显示目的地距离目标区域车位数，帮助客流提前直观了解停车场情况。结合超大电子指示牌标明的目的地和剩余车位数量，可以帮助客流直观确认停车场状况，做出最合理的停车决定。

通过一级引导，将区域外车流直接导向苏州中心所在区域。通过二级引导和电子显示屏的动态车位联通管理，实现合理分流，保证市政道路及各出入口时时顺畅。通过立体化的三级标识系统，使人在密闭的地下空间中，也拥有精确的感知定位，从而使停车体验更明晰、舒适。

不同区域利用不同的亮色系，使标识系统"和而不同"

通过采用悬挂指示灯箱、墙面、柱面、地面，苏州中心设立了立体引导系统

地下环道出入口

两条地下市政环道，个出入口四通八达

而起到中枢组织作用的正是两条地下二层市政环路，直接连通星港街市政隧道，
担负起对外交通的"肺循环"功能，又要连通苏州中心区域各地块停车库，实现交通脉络生长注入。

外部地面道路交通功能定位主要是过境车辆、公交车及少量即停即走车辆在地面集散，内部地面道路为步行优先空间。而起到中枢组织作用的正是两条地下二层市政环路，项目交通的复杂性决定了它既要具备市政道路的有容乃大，又要融入地块交通的繁枝细节。它直接连通星港街市政隧道，担负起对外交通的"肺循环"功能，又要连通苏州中心区域各地块停车库，实现交通脉络生长注入。

根据项目前期的研究预测，苏州中心需要在地下二层设置两条各长800米的单向市政环道来承担主要通行和周转功能。但要使这两条环道发挥最大效用，保证在弯弯曲曲的"气管"中行驶时仍然拥有良好的体验，还需要多方面的考量。

首先，根据计算分析，时速设计为20千米每小时，采用单向循环双车道设计，并设置应急停靠车道及缓冲区，同时设置29个"出气口"——出入口，可以保证各个方向的车流24小时的"吐故纳新"。

其次，地下市政隧道及地下环路在灯光亮度、空间配色等方面做了细致处理。比如，地下市政隧道内壁安装的是搪瓷钢板，因为搪瓷钢板在LED灯照射下会产生反光，需要通过调整搪瓷钢板的哑光度，来保证车辆在行驶过程中不会产生眩光。主线全部采用LED照明，在出入口的位置设置加强照明段。地下环路内壁运用横向白、黄、灰色调，简洁清爽，增强交通导流线路的节奏感。

最后，环道内设有风机，解决日常通风和排烟问题，保证环道内的空气流通。环道内还安装了智能系统。一旦遇到火灾等突发事件，消防系统、风机、无线广播、显示屏、应急照明等都会自动启动，并且在这些系统之间实现联动。为了保证救援车辆自由出入，有别于常规2.2米净高的地下车道，两条地下环道将净高设置为3.2米，可以满足救援车辆和消防车辆等特种车辆出入的需求。

通过以上全方面的综合考量，地下环道在保证通行能力的基础上，进一步优化了环道的行驶体验。

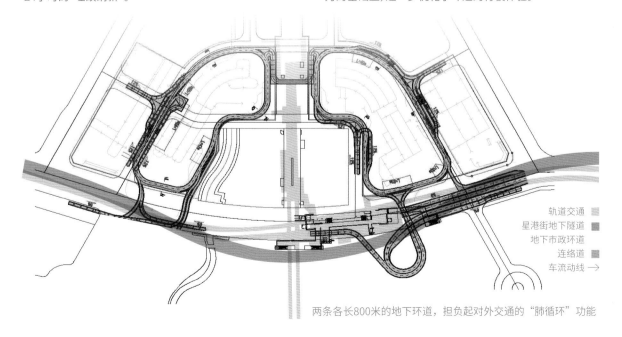

轨道交通
星港街地下隧道
地下市政环道
连络道
车流动线 →

两条各长800米的地下环道，担负起对外交通的"肺循环"功能

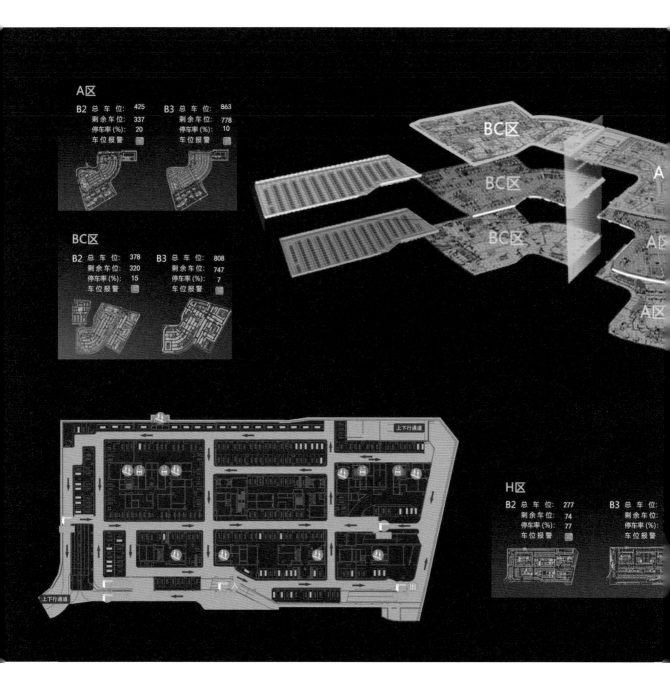

借助大数据平台，可以尽快将车辆引入合适的停车位

070/071

4000 个摄像机无死角覆盖，引导反向寻车

利用4000个摄像头的反向寻车系统以及iBeacom室内定位导航系统，可以帮助车主即刻搜寻到车辆，并规划最佳取车路线。

在进入苏州中心车库入口的一刹那，有没有担心过自己会迷失在巨大车库中，无法快速停车？在偌大的苏州中心度过了一天的惬意时光，在按下电梯按钮的一刹那，有没有担心过自己是否还能立即找到自己的爱车？

地下空间体量高达44万平方米，4000余个停车位分布在7个不同的停车区中，苏州中心通过各类智能化系统，比如车辆引导系统、反向寻车系统、线上线下自动缴费系统、客流分析系统等，从而极大地提高了停车、寻车、缴费效率。

对于从四处涌入的车辆，车辆引导系统由设置在星港街等周边主干道入口的引导显示屏和车位端的4000多个摄像机组成，通过这些视频车位的监测终端，并借助大数据平台——心云系统后台分析，可以将车辆快速引入合适的停车位，还具备拥堵检测、逆向行驶检测、非法或超时停车检测等智能分析功能。

细心的车主还会发现，这里的停车位设计也是很大的亮点。所有停车位的停车线划为双线，避免了大家因停车距离太近，开车门相撞的尴尬；专设了位置方便且车位更加宽大的女士专享车位和残障人士停车位；利用面积较小区域设置了灵巧的迷你车位和平行车位。同时，考虑到停车后的人行体验，在停车场车道两侧划分人行道，在交叉口设置斑马线，充分保障行人安全，消除行人在"车来车往"的地下空间的安全焦虑。

对于需要快速疏散的车流，利用拥有4000个摄像头的反向寻车系统及iBeacom室内定位导航系统，车主可以即刻查询出自己车辆所在的位置区域和车位编号，同时规划出查询地点到车辆所在车位的最优路线，在最短时间内取车离开。在缴费方式上，利用全视频抓拍车牌系统，充分考虑各类人群需求，可以采取人工缴费站、自助缴费机以及会员线上缴费等多种模式，大大便利了付费流程。

停车，是消费者对苏州中心的第一感受。正是基于人性化的细致考量，苏州中心实现了对车位的有效管理，也使每个开车前来的消费者体会到这座崭新城市中心的便利。

智造密码·探寻苏州中心
OBSERVATIONAL EXPERIENCE·观摩体验

W酒店的梦幻旅居
W Lifestyle in Suzhou

当苏式慢生活遇上潮流"W"品牌，激情的碰撞即刻发生。苏州的诗意典雅，纽约的活力奔放，看似两种截然不同的生活方式与精神气质，在苏州W酒店共同演绎出梦幻的"悬浮园林"场景。

W酒店的设计理念——"悬浮园林"，将苏州园林以现代抽象的艺术形式，结合W酒店"时尚、设计、音乐、活力"的品牌理念，为潮流前端的时尚达人们打造了一个创意、活力的社交平台。

这也是苏州中心选择"W"品牌的原因——如何打破人们心中固有的传统印象，传递出苏州崭新活力的一面，如何表达新时代下古典苏州与"洋苏州"的完美结合，这就是苏州W酒店"悬浮园林"设计理念的来源。

毗邻金鸡湖的苏州W酒店，同时坐拥城市与自然的两面

遍布全球 58 座城市,活力引领者

苏州W酒店前卫并充满活力的设计将苏州的历史风韵和现代摩登展现得淋漓尽致。

随着社会发展,消费迭代升级,体验式消费时代已经来临。在这样的背景下,作为苏州中心主业态之一的酒店该如何配置,为宾客带来什么样的全新体验,才能从CBD区域乃至整个苏州的商务酒店中脱颖而出?

苏州中心决心打造一座独特的、充满视觉魅力的时尚酒店。经过历时一年的对比、考察与谈判,苏州中心最终将橄榄枝抛向了W酒店。

定位为"Lifestyle"的W酒店,起源于1998年的美国纽约城。与传统老牌酒店提倡给予宾客"宾至如归"的感受不同,W酒店更像是一个激情活力的引领者,激发灵感、创造潮流、大胆创新。W酒店以大胆无畏的态度和每分每秒都涌动着的活力气息闻名,65家已开业酒店遍布全球58座最具活力的城市。以"时尚、设计、音乐、活力"为四大激情点,W酒店从创意菜肴、特色酒吧、室内瑜伽,到国际名流都为之倾倒的容光焕发水疗,再到夜幕之下的城中潮人派对等,为那些"思维观念富有活力的人群"带来与众不同的体验。

苏州W酒店位于苏州中心东南侧,共38层,配有379间客房和套房以及60套服务式公寓,还包括4个餐厅和1个酒吧——标帜餐厅、苏滟中餐厅、图乐西班牙餐厅、WOOBAR

酒吧,以及多功能会议厅、空中泳池、水疗中心、健身中心等一应俱全的服务设施。得益于苏州中心的立体交通设计,苏州W酒店不仅可以饱览金鸡湖一线美景,更可无缝连接到苏州中心各个业态和金鸡湖5A级景区。

苏州W酒店前卫并充满活力的设计,将苏州的历史风韵和现代摩登体现得淋漓尽致。坐拥城市的喧闹与自然的惬意两面的苏州W酒店,既让宾客得以在此探索苏州深厚的历史文化底蕴,充分感受这座花园城市的魅力;也通过现代科技展现的城市风貌和W酒店充满活力的生活方式,绽放出苏州年轻时尚、与国际潮流接轨的另一面。

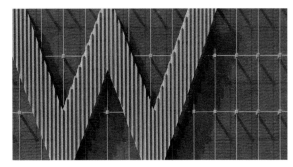

激情活力的引领者

落客区飞碟造型的"云起"

重时空的悬浮园林，演绎背离和梦幻

设计团队感受到这座城市"背离"与"梦幻"的2重时空印象，提出了"悬浮园林"的设计理念，
用现代手法重新演绎了兼具现代与传统的苏州。

"云起"飞进潮堂，成为飘在半空中流光溢彩的"水晶云"。水滴滴入"池塘"，泛起"涟漪"，月亮门高高悬挂成为玻璃窗格，花窗外是随着光影变幻而时时呈现不同效果的姑苏盛景……身处苏州W酒店，处处可见运用现代手法演绎的古典苏州元素，亦古亦今，亦中亦西。

不同于千店一面的商务酒店，追求设计感的W酒店常常根植于所在城市的历史文化，并对其进行重新演绎，体现出W酒店浓郁的在地文化特色。为此，苏州中心团队带领西班牙设计团队，充分领略了以古典园林和小桥流水为代表的苏州古城区和以工业园区为代表的洋苏州。惊讶于一座城市截然不同的两种气质在同一时空里交错，设计团队就"背离"与"梦幻"的2重时空印象，提出了"悬浮园林"的设计理念，用现代手法演绎了兼具现代与传统的美丽苏州。

"悬浮"的梦幻设计从苏州W酒店的落客区开始——被命名为"云起"的飞碟造型喷水装置从地面雾气氤氲之中"升腾而起"，仿佛即将"飞向太空"。抬头仰望，顶棚镜面反射出W字样的喷水装置，充满了梦幻的科技感。步入潮堂，1000平方米三层挑高的大堂空间，犹如一座充满科技感的半圆形"池塘"。半空中，散发出迷人金属光泽的写意云朵"水晶云"由室外飞入潮堂，轻轻摇曳，又凝聚成"水滴"线状灯，滴入"池塘"，泛起双曲面造型的巨大"涟漪"。"涟漪"WOOBAR酒吧下方隐藏着神秘的贝壳卡座，金色"鹅卵石"散落在"池塘"边，汇聚各方潮人。玫红色折线灯是"池塘"中隐匿的"石桥"，夜幕降临，"石桥"立即变身为活力四射的走秀T台，在无龙骨发光地板的映衬下，漂浮感立现。半裸原石般的新娘房漂浮于空中一侧，呈现出缥缈的太空梦境。

1000平方米三层挑高的潮堂，演绎着双重时空印象

FIT 健身中心，在传统与新潮之间，开启你的健康生活方式

苏州园林经典的月亮门悬挂于玻璃幕墙之上，借景取景。每当夜晚来临，右侧可升降的吧台就会将掌控全场的DJ升到半空，如同置身于圆月之中。透过月亮门，室外酒廊的"外墙"是一幅高13米、宽45米，浓缩了苏州园林、小桥流水的"姑苏繁景图"。令人惊艳的是，它可以随着视线的变化，时时呈现不同的画面效果，科技感十足。于近处观赏，画面刹那消失，才发现这墙面是由100万个冲孔铝板小圆片组成，从远处看到的"姑苏繁景园"原来是通过铝片翻翘角度的变化"绘制"而成的，容不得分毫偏差。融合了传统绘画与现代工艺的艺术墙，将过去与未来遥相呼应。

位于36层的无边际碧波泳池，池底和池壁用95万块高温热熔玻璃马赛克精心铺就了云彩渐变图案，绚丽多彩，过渡自然。云朵和自行车造型的装饰悬浮于池顶。通过落地玻璃幕墙可俯瞰苏州中心商场及金鸡湖全景，宛若置身云端。进入FIT健身房，转眼瞥见红色墙面一位画着精致昆曲妆容的小娘鱼，身形优雅，却手举哑铃，肌肉线条分明。强烈的视觉冲击，激发出无限的艺术张力，诉说着传统与现代交融的鲜活故事。

客房是一个个梦幻花园，昆曲服饰的绚丽色彩化身为五彩缤纷的织物，家具漂浮在地毯的水晶云层之上，透过床前

随着时间改变色泽的月亮门，使宾客沉浸在梦幻般的超现实体验中。

苏州W酒店用现代摩登的手法创新演绎了苏州的文化底蕴，将宾客投射到一个不同的维度，将过去和未来结合在超现实的梦境中。就像苏州中心希冀的，通过苏州W酒店，给人们一个崭新的视角，表达苏州，看待苏州。

创新业态更需要背后完善的硬件支撑和严格的运营管理，为此，苏州中心商场才能不断引领潮流，为消费者带来全新的体验。

酒店客房

"悬浮"在36层的无边碧波泳池，于高空找到融入城市的另一种方式

大特色餐厅,美食的燃情声色

位于34层的苏滟中餐厅,以万花筒为设计理念,在不同空间,重新演绎中国结、丝绸、窗格、刺绣等传统元素。

有人说,世间万物,唯有美食与爱不可辜负。对于讲究食文化的苏州,美味始终撩动着心弦。坐拥金鸡湖美景的苏州W酒店,拥有3家风格不一的餐厅,为宾客带来全新的美食体验。

苏滟中餐厅

位于34层的中餐厅——苏滟,以万花筒为设计理念,简约的设计风格,鲜艳的色彩和流动的线条,完美融入了中国结、丝绸、窗格、刺绣、陶瓷等传统文化元素。通透明亮的弧形落地窗,U字形的餐厅布局将一线湖景与大厅以及9个不同特色的包厢完美结合,编织出兼具姑苏魅力与纽约活力的时尚中餐厅。

苏州传统文化在中餐厅表达得淋漓尽致,却又不囿于传统的表达方式。到达中餐厅,首先映入眼帘的是装饰着大红色超大手工编织中国结的黑色屏风,艳丽不失大气;卡座区,传统织布机的形象化身于吊灯,古朴不失时尚;电梯厅前,光彩照人的宋锦绸缎包裹墙面,华丽而又精致。一路缓缓走来,七彩夹丝的玻璃屏风、用昆曲头饰大小珍珠创作的装饰画、陶瓷苏扇陈列墙面、爬满墙壁的金色大闸蟹……各式材料演绎的苏州文化与酒店的现代气质完美融合,使人在享受美食的同时,带来耳目一新的视觉体验。

在味蕾上,苏滟则依据苏州人"不时不食"的讲究,利用本地食材,融汇江浙菜和潮州菜在不同的季节推出不同的创意时令菜式。

各式苏州古典材料演绎的苏滟中餐厅

图乐西班牙餐厅

位于37层、38层的西班牙餐厅——图乐,以其独特的设计风格和纯正的西班牙美食征服了众多饕餮食客。以"当苏州遇上马德里"为设计理念的图乐餐厅巧妙结合了热情的西班牙元素和温婉的苏州元素。进入餐厅,顶部悬挂着融合着中国红和波点元素的西班牙"火腿",而一个印有西班牙蕾丝绣品花纹的巨型红色牛头则唤起人们对斗牛国度的联想。倚坐在落地玻璃幕墙边,品尝着美味的西班牙大餐和苏州W酒店特色鸡尾酒,尽览金鸡湖美景。连接餐厅和顶楼特色空中酒廊的是以镂空不锈钢栏杆、嵌入式艺术玻璃、双曲面螺旋结构等创新手法打造的旋转楼梯。台阶饰以明快的弗拉明戈风格图案,从台阶顶部俯视,楼梯造型似精致的苏扇扇面,层层展开。踏上旋转楼梯,即可到达极具特色的半室外空中酒廊,登高一览,在金鸡湖的迷人夜色中把酒言欢。

融合热情西班牙元素和温婉苏州元素的图乐西班牙餐厅

以"超自然"设计理念为核心的标帜餐厅

标帜餐厅

位于四层的餐厅——标帜餐厅,以"超自然"设计理念为核心,一张张料理台像一座座小岛分布在空间中。厨师站在不同的"小岛"旁边现场烹饪,从灶台到餐桌的零距离,使新鲜出炉的美食保持纯粹的口感。款款步入室外屋顶花园,层叠的空间、漂浮的用餐露台、雕塑感强烈的种植延续了"悬浮园林"的概念,色彩鲜艳的"W"标识悬浮于跌水水景之上,成为小型时装秀、户外婚礼以及酒店个性活动的绝佳场地。

3 位首席达人，激情快闪

结合宾客的不同需求和"W"品牌特别设置的3位首席达人，
苏州W酒店不断开创了更多的惊喜，让宾客的每次入住都成为一场难忘的体验。

精彩活动创造独特活力

始终致力于为宾客打造惊喜体验的W酒店，以标新立异、激动人心、非同凡响的精彩活动，和"随时随需"的贴心服务，倡导努力工作、尽情玩乐。为此，W酒店通常会设置一些特色职位，以满足不同的需求。

苏州W酒店自开业以来好评如潮，其中，团队中3个特色职位功不可没，这就是时讯达人、音乐达人和首席调酒师。

时讯达人所代表的，是"随时随需"服务的极致体验。他会在潮堂了解宾客入住期间的需求与感受，精准快速地反馈给服务团队，以便提高客户体验。时讯达人更是城市达人，他是整座苏州W酒店甚至整个城市的活跃分子，对潮流，对时尚，对在地文化了如指掌。不论是前沿的新锐品牌，前卫的时尚活动，还是深度的城市体验，时讯达人都能为客户设计不同的体验路线，为热爱W、特立独行的宾客们提供至新至潮的体验。

音乐达人所代表的，是激情与活力的时刻释放。音乐就像W酒店的灵魂，所有的燃情声色，都靠音乐来点燃。苏州W酒店的音乐达人可不仅仅是DJ那样简单，他不但担负着酒店和公共空间中所有音乐的筛选和编排工作，在时尚、运动、美妆等各类活动中，现场的活力四射，都仰赖音乐达人躁动全场的编排与掌控。

首席调酒师所代表的，是独一无二的鸡尾酒文化。苏州W酒店的鸡尾酒文化无处不在，每间餐厅都有独立的酒吧，而每个酒吧都有一杯你不得不试的特色鸡尾酒。苏滟中餐厅推出的"原创·苏州"系列，深入苏州文化和本地原材料，打造不一般的鸡尾酒旅程。当苏州遇上马德里，一杯浓郁西班牙红的桑格利亚鸡尾酒足以寄托你对这个热情国度的漪漪遐思……来杯鸡尾酒?WOOBAR酒吧不能错过，调酒师会按时段、季节甚至宾客心情来变换风格，给宾客带来不同的体验，鸡尾酒名也精心设计，"东方之门""熠动姑苏"……洋溢着在地风情。

通过个性独特的3位首席达人，苏州W酒店不断开创了更多的惊喜，让宾客的每次入住都成为一场难忘的体验。

音乐达人、时讯达人以及首席调酒师三大特色职位，引领宾客尽情玩乐

智造密码·探寻苏州中心
OBSERVATIONAL EXPERIENCE·观摩体验

超越美术馆
Beyond Museum

公共艺术是一座城市的灵魂，是一种当代文化的形态，是一个城市成熟发展的标志，是向外部世界展示城市审美和活力的一个窗口。

苏州中心的目标，绝不只是追求商业运营的成功。如何让人与自然、人与艺术和谐共生，是贯穿苏州中心始终的课题。

基于这样的思考，苏州中心以"生命与自然"为主题，面向全球范围，征集了16位国际知名艺术家的26件艺术作品，将它们陈列在公共空间，形成了一个开放式的国际化公共艺术平台。分布在不同区域的作品与周围环境共生共融，成为一个于城市生活间的美术馆。

以现代手法对传统叠山理水重新演绎的《共鸣》

16.7 公顷土地上，唤起艺术新生

三块金属构筑成石，一块稍高，与其余两块对立而置。夕阳的金色余晖下，三块岩石上的波浪纹一圈圈漾开，岩石的影子落入地面薄薄的水池中，仿佛在与天地诉说着无尽的秘密。

这件由法国雕塑家Romain Langlois创作的作品《共鸣》位于世纪广场，与一汪水池组成了"一池三山"的格局。在苏州中心开建之前，同样的位置伫立着一块写有"世纪广场"四个大字的主题石。苏州中心建设完成后，不仅保留、优化了原有的市民广场，还希望能重塑延续关于石的情怀，表达这个地块的新生。

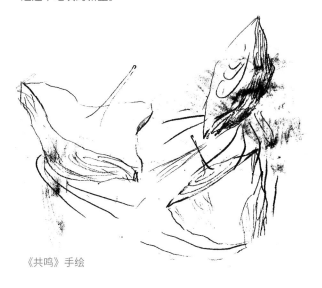

《共鸣》手绘

Romain Langlois常常通过壮观的青铜来表现新生。他创作的《共鸣》，三条穿石而过的轴线在空间中交汇于一点，

形成了无形的桥接。通过这种现代的设计和表现，一块原石脱胎换骨，中国古典文化中传统的假山叠水以这样现代的语言作了特别的阐释。

为了让艺术品更具地缘性特征，苏州中心邀请艺术家们来到现场，与当地文化、地理环境融合，量身定制，创作出契合时代精神与地域特征的艺术作品。在这个过程当中，这片土地一次又一次地启发着艺术家，激发着他们的创作灵感。

来自荷兰的Peter Gentenaar是个独特的造纸艺术家，多年与纸张打交道的他，把纸张或细竹条之间挤压形成的褶皱想象成风与水的形态，水可以是卷起的蔚蓝海浪，风可以是天空中的风筝、是日落下的风帆。受到苏州中心"百鸟朝凤"的主题以及水域的灵感启发，利用是纸非纸的形态，他创作了《冲浪的风筝》。这件灵动而富有活力的作品悬挂于星悦汇中庭空间，仿佛人的身体被风环绕着，被水充斥着，精神被自由引发的畅想牵引着，热烈而美好。

中国当代艺术家隋建国，被誉为"在观念主义方向上走得最早也最远的中国雕塑家"，是中国最重要的当代艺术家之一。他对创作观念、作品形式、媒介选择、处理方法、时空经验等多个方面都有独特的理解和认识，将观念与形式巧妙地结合在一起，作品多以大尺度给人以感官上的冲击力。坐落在办公楼D座门口高达7米的大型雕塑作品《云树》，用泥塑的手法捏一个近似树的造型。因为泥的材质极为柔软，使得这棵树的轮廓柔软而富于流动感。雕塑的韵律向上旋转，象征着苏州中心的欣欣向荣。

舞动 2200 年的水城灵感

"我的艺术都是围绕着水,而苏州这个城市,到处都是水。"

星州街的路灯亮了起来,3个美丽的芭蕾女孩在金色的水面上结伴而舞。舞姿优雅曼妙,身型窈窕高挑,水波是她们的裙摆,脚尖流光溢彩。许多人乘着夜色围拢在周围,惊叹她们随风摇曳摆动的水波裙摆,向前探手想要握住夜灯下水流的熠熠生辉。

一位金发女士微笑着坐在芭蕾女孩旁边,默默看着。不久,苏州中心团队收到了一条信息:"那么多人喜欢我的作品,和我的《芭蕾女孩》合影,我非常高兴!"

这位金发女士,就是创作《芭蕾女孩》的雕塑艺术家Malgorzata Chodakowska。在作品落成后,她似乎"不太放心",于是决定亲自来看看。

来自波兰的Malgorzata Chodakowska,别出心裁地将雕像和喷泉结合起来,水赋予了雕塑动感和灵魂,瞬间就让雕塑活了起来。在她奇幻的想象中,喷泉水幕可以是少女飞扬的裙摆,可以是手心绽放的花朵,也可以是透明的翅膀……

《芭蕾女孩》从腰间散开的水幕裙摆让她们变得那么温柔,芭蕾的柔韧与激情交织的张力,多么像苏州啊。因为——"水,不断从我的艺术作品里喷涌而出,苏州这个水城也不断在我脑海里浮现。"在创作《芭蕾女孩》时,Malgorzata Chodakowska这样形容她的艺术品和苏州之间千丝万缕的灵感联结。

苏州这座城市,自古都是水乡泽国。"绿浪东西南北水,红阑三百九十桥",大约在1200年前的某个春日,唐朝大诗人白居易,就夸张地用"东西南北"和"三百九十"来表达行走在绿水红桥中的灵感迸发。

苏州的水文化同样激发着来自世界各地的艺术家。另一位成长于新西兰怀希海滩的艺术家Ben Young说:"我的艺术都是围绕着水,而苏州这个城市,到处都是水。"作为一名狂热的冲浪者,他一直尝试用玻璃去捕捉海浪的原始力量。他的作品《平行线》《波浪》陈列在苏州中心A/B座办公大堂,恰似海与河的细语在此传述。

还有一位享誉全世界,被人们成为当代"达·芬奇"的英国鬼才设计师Thomas Heatherwic,他的《波纹椅》陈列在办公大堂水景旁,轻薄、灵巧、光亮,静止的姿态中是流动的波纹,配合着耳边的潺潺水声,仿佛这张椅子正在化静为动——波纹向四周涌动、循环往复,人置身其中,明白了艺术家要表达的是水赋予我们的生生不息。

受到苏州水城启发的《芭蕾女孩》，水幕成为她们的裙摆

Romain Langlois

Peter Gentenaar

Nadim Karam

Sui Jianguo 隋建国

Edwin Cheong

Małgorzata Chodakowska

Linda Brunker

Han Sai Por 韩少芙

Thomas Heatherwick

Patrick O'Reilly

Merete Rasmussen

Ana Duncan

Ben Young

Pierre Marie Lejeune

Marc Fornes

Ian Woo

件艺术作品，共同诉说"人与自然"

通过艺术作品，苏州中心也在向世界传达自己的语境——
更现代，更国际化，更关注自然与生命本身。

一个国际化艺术平台的构建，不仅需要恰当的主题，需要与文化和环境融合，更需要全球化视野，才能更好地触动我们的生活，引起我们内心的共鸣，反映着一个时代的精神。

为此，苏州中心聘请了全球化的专家组作为艺术顾问，在世界各地甄选了近60位具有国际影响力的艺术家，为蕴含城市共生理念的苏州中心创作艺术作品。经过反复斟酌，最终筛选出来自法国、英国、爱尔兰、荷兰、新西兰、丹麦、黎巴嫩、新加坡及中国的16位知名艺术家的26件艺术品，用现代、抽象的手法完美诠释了"人与自然"主题，完全契合了苏州中心对自然和生命的思考。

办公大堂里、公寓大堂里、商场里、酒店里随处可见，广场上、道路边擦身而过，伸手可及……是的，苏州中心让艺术品从美术馆中走出来，让它们与往来的生命个体发生紧密的关系，让来到这里的人感受到美，让艺术不再遥不可及。通过艺术作品，苏州中心也在向世界传达自己的语境——更现代，更国际化，更关注自然与生命本身。

新加坡现代雕塑家韩少芙在创作《飞翔与森林》时，来来回回跑了好多趟。她与苏州中心景观设计团队进行了深入沟通，特别照着设计图制作了项目景观模型。回到新加坡，感受着金鸡湖畔城市共生的景观理念，为苏州中心设计了一组由22个不锈钢雕塑组成的作品。这组坐落在办公楼C座门口的雕塑，一时似飞翔中的鸟，一时似成长中的植物。这组闪亮的作品伫立在水池里，反光却又带来阴影，寓意着在生命争议中的低落与成长。这组作品一直牵动着韩老师

的心，苏州中心开业后，韩老师又捎来了两个鸟蛋状的小雕塑，使得作品的涵义更加饱满。

位于星州街上Patrick O'Reilly的《西方柳树》，许多人表示看不懂。这件由卢浮宫的美术馆极力推荐给苏州中心的艺术作品，不同于东方传统意义上的柳树，最初的灵感来源是一幅关于中国的欧洲古画。它由众多圆形球堆积而成，融合了能量与意象。站在这棵柳树下面，你会在圆形球上看到无数个自己的倒影。

世纪广场南侧，充满生机和活力的绿色面颊迎风而立，爱尔兰艺术家Linda Brunker的作品《聆听者》《群落》时刻提醒着身处繁忙都市中的人们，停下脚步，倾听自然和内心的声音……W酒店的转角，与苏州颇具渊源的法国艺术家Pierre Marie Lejeune，用镜面不锈钢和玻璃、灯光和水，为人们塑造了一个充满着美好愿景的《幸运环》，"我喜欢明代的家具和苏州园林里的一步桥，你能从我的作品中看到它们的影子"……走进公寓楼前，爱尔兰雕塑家Ana Duncan的作品《同舟》和《海螺》以简洁圆润的线条，流动的表面以及充满生命力的光影表达成长与共享……办公楼前，丹麦艺术家Merete Rasmussen的作品《水之漩》和新加坡艺术家Ian Woo的作品《绽放异彩》用不同的手法诗意地融入周边城市环境……漫步在商场，不论是黎巴嫩艺术家Nadim Karamde的《企鹅瀑布》，新加坡艺术家Edwin Cheong的《雀耀舞姿》《龙门之游》《金田》，还是中国当代艺术家夏航的《星辰之歌》，无一不呼应着"人与自然"的主题，完美融入城市空间中……

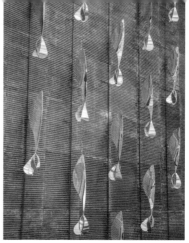

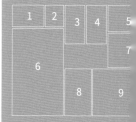

1	2	3	4	5
6				7
		8	9	

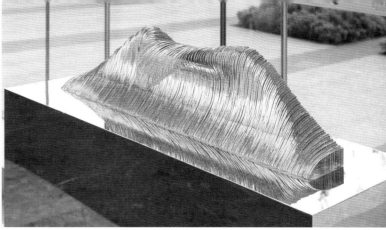

Spiral 水之漩　　　　　6　The Ballerinas 芭蕾女孩
Higher 龙门之游　　　　7　Kite Surfing 冲浪的风筝
Community 群落　　　　 8　Cloud Tree 云树
Kinetic Breeze 雀耀舞姿　9　Echoes 共鸣
Wave 波浪

让艺术品从美术馆走出来，触手可及

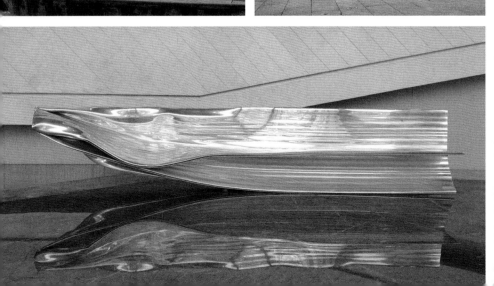

		2	4	6	7
	1	3	5		
8	10	11	12		
9			13		
14		15	16	17	

1   The Penguins Cascade 企鹅瀑布
2   Lucky Rings 幸运环
3   Escape 逃离
4   Solitary 隐士
5   Illuminations on the Key of Bloom 绽放异彩
6   Listener 聆听者
7   Grotto 岩洞
8   Parallels III 平行线 III
9   Conch 海螺
10 Western Willow 西方柳树
11 Reflection 反射
12 In the same boat 同舟
13 Detachment 超然
14 Ripple Bench 波纹椅
15 Flight and Forest 飞翔与森林
16 Leading Light 导航灯
17 Gold Fields 金田

让艺术品从美术馆走出来，触手可及

融汇跨界精彩，开启城市未来

世纪广场上的雕塑《共鸣》，塑造"一池三山"

色调统一、风格简约的塔楼幕墙，如丝绸般紧紧包裹，气质卓然

几何形体的建筑群，彰显气质与张力

光影变幻的塔楼幕墙

夜幕下，从凤园向西望去，是灯火璀璨的湖西CBD

通透的树形结构玻璃幕墙，与未来之翼彼此呼应

透过苏州 W 酒店潮堂玻璃，巨幅"姑苏繁景图"映入眼帘，仿佛古今穿越时空的对话

苏州W酒店的WOOBAR室外酒吧，独特的鸡尾酒文化给宾客带来不同体验

在苏州W酒店图乐西班牙餐厅，感受"苏州遇上马德里"

位于苏州W酒店34层"苏滟"中餐厅，感受古典与现代的完美融合

在苏州W酒店"超自然"标帜餐厅，开启充满活力的一天

苏州W酒店的客房，带来梦幻般的超现实体验

来到苏州W酒店的4层户外花园，享受阳光与美食

CONSTRUCTING QUESTIONING

03

CONSTRUCTION QUESTIONING
建造追问

协同高效的开发管理
Collaborative and Efficient Management

地下工程
Underground Engineering

轨道侧施工保护
Track Side Construction Protection

未来之翼
The Future Wings

匠心筑造建筑
Pursuit of Quality Makes for Classics

空中花园的设计与施工
Design and Construction of Aerial Garden

绿色纽带地景桥
The Landscape Bridge

相门塘穿楼而过
Xiangmentang River Cross the Building

协同高效的开发管理
Collaborative and Efficient Management

作为目前国内规模最大的整体开发综合体项目,苏州中心占地面积16.7公顷,建筑总面积达到113万平方米,集商业、酒店、办公、居住等多种业态于一体。自2010年启动,到2017年正式开业,苏州中心项目全程历时7年,参建单位达620余家。

为了实现在如此大规模、长周期、多单位情况下仍保持项目进程的有序进行,规划设计的有效落地,苏州中心在项目初期,就对设计和施工进行了提前的筹划和预演,确保了对苏州园区"一张蓝图绘到底"的理念遵循。对于城市开发中类似的项目,具有极大的启发意义。

国际一流的设计"联合国"给项目带来了全新的碰撞和四射的火花

匠心独具, 绽放于 80 余家设计单位的精诚之作

苏州中心项目管理团队与来自全球10多个国家和地区的80余家设计单位,
协力绘制项目宏伟蓝图,让"城市共生"的理念完美落地。

秉承着苏州工业园区"争第一、创唯一"的创新基因,苏州中心这个位于苏州工业园区核心地块的项目,从启动之初就决心要打造成一个领先于国内并达到国际先进水平的城市综合体。为了达到这个目标,10余家全球顶尖的设计单位分别被邀请参与总体设计、商业设计和景观设计竞标。经过2个多月的综合考量比选,最终3家设计单位脱颖而出,确定由日本日建设计担纲项目总体设计,由英国Benoy担纲商业建筑设计,由美国SWA担纲整体景观设计。苏州中心项目体量庞大、业态众多、功能复杂,涉及的专业设计繁复,共有来自全球10多个国家和地区的80余家设计单位参与其中,协力绘制这张宏伟的蓝图。

项目的规模性和复杂性对设计工作的专业细分和协同提出了极高的要求。同时,多国家、多专业、多团队的设计模式也给管理工作带来了巨人的难度和挑战。不同国家设计单位的协同,不同设计专项的配合,工作机制的确定、工作界面的划分、设计标准的制定、设计细节的把控……这一系列纷繁复杂的统筹协调,背后必然需要一个强大的设计管理团队和先进的设计管理理念支撑。苏州中心项目管理团队正是在工作推进过程中不断创新,逐步建立完善起一个成效卓著的管理体系。

一是有效引领设计方向。即使同一位设计师,在不同项目中也会发挥出不同水准,特别是在可塑性极强的综合体项目上。因此,业主对项目的准确定位和对设计标准的引导、贯彻,成为确保项目质量的决定性因素之一。苏州中心在规划设计之初,就组织顾问机构开展大量专项研究分析,确保项目开发建设标准处于国内领先并达到国际先进水平,同步并遴选出与项目需求和定位相匹配的设计单位。在整个设计过程中,苏州中心项目管理团队凭借着对市场的敏锐判断,和对项目背景与愿景的深刻理解,始终坚持着"第一性""唯一性"的高标准、严要求,引领设计师们不断突破自我,推陈出新。项目管理团队和设计师们在困惑、坚持和碰撞的相互交织中,最终形成了令人满意的设计成果。

二是有机调配设计团队。在项目规划设计的快速推进中,苏州中心项目管理团队时刻需要与来自不同国家和地区的设计师们交流沟通、紧密合作。国际一流的设计"联合国"给项目带来了全新的碰撞和四射的火花,但时差带来的工作时间冲突,多国家导致的语言沟通困难、思维方式差异、标准理解偏差……都给设计管理带来了极大的困扰。为了有机调配分别来自北美、欧洲、亚洲的设计单位,项目管理团队巧妙利用时差,激发全球设计师们玩起了24小时不间断的"接力游戏"。相对于设计进度的配合,协调解决参与者众多引起的工作重叠和界面冲突则是更大的挑战。为了进一步提高设计效率,设计管理团队采取了确定牵头单位或个人协调各相关设计顾问、划分合理设计工作界面、制定统一技术标准等多种方法来进行设计管理,确保各设计单位高效、同步、有序地开展工作。

设计手绘图

·中衡设计集团股份有限公司（苏州）
·启迪设计集团股份有限公司（苏州）
·上海市政工程设计研究总院有限公司（上海）

SCHMIDLIN·

德国

英国　瑞士

比利时

西班牙

美国

中国　日本

ARUP·
BENOY·

· NIKKEN
· TSC
· LPA

·GENSLER
·AECOM
·PBET
·BPI
·LERA
·TT

澳大利亚

ROCKWELROUP·

QU ART·

AURECON·
SECUREPARKING·

SBP·

设计单位来自全球10余个国家和地区

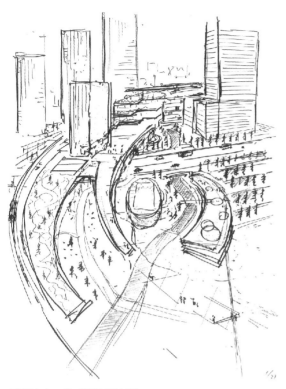

苏州中心一角（设计手绘图）

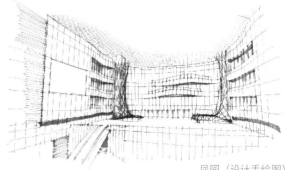

凤园（设计手绘图）

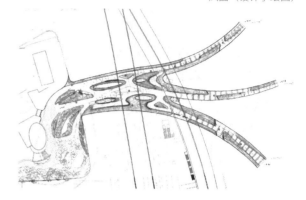

地景桥（设计手绘图）

"未来之翼"就是项目管理团队与专业设计单位、各领域专家通力合作的一个典范。日建设计在概念设计阶段就大胆地提出设想，用流动的肌理塑造出一个连接城市天际与建筑群的灵动空间；Benoy建筑师以"凤凰展翅"的寓意赋予了钢结构屋面灵动的造型和鲜活的生命力；SBP结构工程师将建筑师的想象力逐渐变为可能，他们采用四边形结构网壳和树状结构，让轻盈飘逸的屋盖"悬浮"在建筑群之间。精妙的设计成果经过同济大学土木工程防灾重点实验室的2次风洞试验，证明了其完全能适应CBD周边复杂的风环境。设计单位与相关专家相互碰撞、协同推进，最终才能让世界上最大的整体式自由曲面网壳屋面"未来之翼"得以完美展现。

三是积极推进技术攻关。整体开发的特殊性和多业态交织的复杂性，为设计管理带来了不少技术难题，而全方位的创新在呈现出与众不同的设计效果的同时，很多时候也超越了设计师的既往经验。设计效果如何？能否最终落地？成本是否可控？……都是需要考虑的问题。对此，除了委托相关单位进行设计研究外，项目管理团队还构建了一套将"立意"和"利益"有效结合的高效技术攻关机制，即以苏州中心项目管理团队为核心，邀请国内外院士牵头，相关领域顶尖专家和政府专家联动，共同开展专题研究分析和专家评审，在充分考虑必要性，严格论证可行性和有效控制性价

比的基础上，力求取得最佳设计效果，快速推动设计进展。

在项目整体规划过程中，苏州中心邀请马国馨院士牵头对项目形态设计与中轴线、CBD整体建筑形态和城市天际线的协调做了深入研究，最终达到提升中心城区整体城市形象的目标与效果；在项目交通分析过程中，由日建设计会同上海交通研究所、上海市政工程设计院对区域交通组织、星港街隧道与地下环道位置、规模及连通方式进行了充分的研究和论证，并经专家评审后实施；在未来之翼设计过程中，邀请同济大学土木工程防灾重点实验室对CBD风环境、风荷载和风振响应等进行全面研究，最终确认了复杂风环境下的计算参数；在跨街天桥设计过程中，邀请美国国家工程院院士Leslie E.Robertson和美国纽约州科学院院士Saw Teen See对跨街天桥的结构方案进行把控和论证，妥善解决了天桥结构选型、落柱，以及与周边拟建、已建设施设计融合的矛盾点；在空中花园设计过程中，联合景观设计单位共同对景观效果，建筑、景观防排水及绿植存活率等进行了反复研究，解决了空中花园与周边景观、交通、市政等资源整合的需求，提升了CBD区域的整体环境和绿量……

正是在项目管理团队、各领域专家和众多设计单位的通力协作下，苏州中心最终将"城市共生"的理念完美落地，使其绽放于金鸡湖畔。

运筹帷幄，决胜于工程高效推进的 **2001** 天

> 正是通过苏州中心项目管理团队细致而全面的工程管理，才能确保这座"庞然大物"顺利建设，保质保量如期完成。

苏州中心项目自2012年5月20日全面开工，2017年11月11日整体落成，历时2001天。整体开发模式为苏州中心带来了统一的建筑风格、一体化的地下空间以及合理配置的业态布局。但113万平方米的巨大工程量以及5年6个月的紧凑开发周期，对项目管理团队的专业度和工程管理的统筹能力都提出了极高要求。同时，"国内领先并达到国际先进水平城市综合体"的定位，也为项目开发带来了许多

技术难题。为此，苏州中心项目管理团队从三个方面运筹帷幄，高效完成了整个项目的开发建设。

一是搭建分工合理、统一运作的项目管理架构。项目管理架构决定了信息传导速度、现场管理深度以及科学决策效率等，是项目开发建设能否成功的决定性因素。

2014.5　　　　　　　　　　　2015.4

为实现上述目标,首先要有一支内力驱动的专业管理团队。由于项目体量大、业态复杂,按照传统的项目管理模式无法实现管深、管细。经过反复研究,将整体项目按照地块及业态拆分为5个子项目——一个以写字楼及裙房为主;一个以交付型公寓物业为主;一个以酒店项目为主;大型商业分为南北两个子项目。每个子项目各配备一名项目经理,各专业工程师根据分工配合项目经理做好专业管理。在项目实施过程中,各项目经理对子项目的进度、质量、安全等各方面全面负责。完整的配备和灵活的机制让各子项目具备相对独立性和内在驱动性。同时,由两名项目总经理高效协调项目的统一运作。项目总经理激发项目经理发挥各自的能动性去推进各子项目,又从项目总控计划层面统筹协调各子项目的形象进度、管理深度和资源匹配。项目总经理与子项目经理的有机互动,使整体项目形成多轮驱动、齐头并进的"动车组效应"。

其次要有一套有效控制的工程管理体系。为了高效推动苏州中心的开发建设,项目管理团队建立起一套"以业主总牵头,监理单位为工程管理主体,总承包单位负责对施工单位进行总体管理"的工程管理模式。通过这种模式,可以确保信息流的顺畅与归口,避免多头管理造成的混乱,业主、监理和总承包单位各司其职,把业主有限的人力和精力投入到最核心的管理中。

二是开展总进度计划为纲的工程管理筹划。这是一系列囊括了项目整体策划、合约规划与工程组织的全面筹划。

首先是项目全生命周期的分段策划。2017年6月公寓交付,8月办公楼交付,9月酒店试营业,11月商业开业,不同业态交付时间的差异,对前期分段策划的精准度要求极高。对于销售型公寓,从销售需求的提出时间、销售团队的介入时间、物业团队的验收配合、销售团队的交房配合等都进行了全面推演。对于酒店,除了与酒店管理团队的交付配合外,先于商场的开业时间对周边形象与进度配合要求较高,经过统筹,前期优先保证商场的室外施工,待酒店试运营时,商场已基本转入室内施工,整洁的外部环境完全能达到酒店的对客要求。对于商场,结合招商计划,将主力店、次主力店的确定时间、店铺装修的周期、商场开业的节点以及后期的运营与工程进度全部串接起来,以确保商场工程进度与开业计划能高度匹配。可见,整体项目推进的稳步有序,与前期的全面推演策划有着密不可分的关系。

2016.8

2017.1

其次是张弛有度的合约规划。苏州中心项目的特殊性，对合约的规划与组织提出了极高的要求。如此巨大的体量和复杂的业态，涉及的专业和施工单位众多，最终签订的各类合同多达1200余份。如果采用平行发包模式，各承包单位只对各自的进度质量安全负责，组织协调将会面临巨大的困难；如果采用总承包模式，有利于对项目总体进度质量安全进行全面管控，但对成本控制是一个挑战。综合各方面因素，苏州中心项目管理团队创造性地采用了总承包管理下的平行发包模式，将平行发包的所有专业承包单位通过与总承包及业主方的三方协议全部纳入总包管理范围，这样既有利于匹配各业态的落位和各专业设计的进度，又有利于业主主导下的成本管控。按照这个管理模式，苏州中心项目管理团队依据项目总进度计划，预先制订了周密的招标计划、明确的发包方案和实施方案等，并对目标成本层层分解，将发包管理与成本管理紧密结合，确保分期、分段、分级、分标管理目标清晰，开展有序，落实细致。

再次是项目预演式的工程谋划。早在总包单位尚未进场之前，项目管理团队已经着手对现场工程组织方案进行了研究。从栈桥布置，出入口布置，挖土顺序和方案，塔吊的吨位和布置，轨道侧施工的统筹，到120余个施工单位的进场顺序、工作界面切分，都是工程谋划的重要内容。通过谋划，既明确了施工单位进场前的合约条件与工程条件，避免后期出现索赔风险，又可以使施工单位在进场后，能纳入项目管理团队的统一调度，有条不紊地开展工作。

最后是项目实时动态的复盘修正。计划落地的过程，就是一个动态调整的过程。在项目推进过程中，项目管理团队根据设计、招标进展情况及工程现场的推进情况，对总进度计划动态进行复盘，及时发现存在问题，快速提出解决方案，实时进行计划调整。一方面，对于在关键线路上的关键节点，项目管理团队给予重点关注，对存在隐患及时预判、预警；另一方面，每完成一个重要节点，项目管理团队及时复盘，回顾总结经验教训，为后续计划推进实现有效预控。

三是对工程重点难点的技术攻关。虽然国内工程领域技术成熟度已经很高，但是面对如此大体量的整体开发，大规模新技术、新工法的应用，要达到设计还原度与造价控制的完美平衡，为工程管理带来了不少困难与不确定性。为此，苏州中心项目管理团队建立起一套科学高效的工程技术攻关机制，即以项目管理团队为核心，邀请国内外顶尖专项设计单位共同研究，国内相关领域权威专家论证，共同开展重点技术的研究论证，在严格论证实施可行性和有效控制造价的基础上，力求最大程度地还原设计初衷。

项目启动之初，为了做好工程施工管理的筹划，苏州中心邀请总承包管理经验丰富的施工企业的总工程师们，共同对方案进行了论证研究，确保整体工程组织方案的前瞻性与可行性。占地14万平方米的超大型基坑，第一次在运营轨道两侧同时开挖，其中轨道侧临边开挖长度达到罕见的200米，如何进行基坑开挖，既能缩短工期，又对周边环境和运营中的轨道影响最小？为此，团队邀请了孙钧院士对超大基坑的围护形式、重要技术参数及施工工序组织等进行了深入指导，为近轨道侧施工方案提供了权威的技术支撑。在"未来之翼"落地过程中，团队邀请了世界顶尖的结构设计单位SBP对空间双曲网壳钢结构进行优化，并与国内顶尖的安装施工企业及相关专家顾问团队共同对如何实现钢结构空中拼接的平滑与精准进行了深入研究。为了更好地还原凤凰羽翼的设计效果并尽可能控制造价，项目管理团队牵头对冷弯玻璃的大面积应用进行了长达3个月的反复研究、试验和论证，最终创造性地确定了冷弯玻璃大规模安全应用的极限翘曲值。

正是通过如此细致而全面的工程管理，才能确保苏州中心这座"庞然大物"顺利建设，保质保量如期完成。

苏州中心这座"庞然大物"最终保质保量落地湖西CBD

地下工程
Underground Engineering

　　基于集约开发的理念,苏州中心拥有目前国内规模最大的整体开发地下空间,包括整体地下三层和部分地下四层。而占地面积达14万平方米的苏州中心基坑工程,是国内规模最大的城市建筑基坑工程之一。通过充分利用地下空间,构建立体交通,地面的交通压力得到了有效缓解。

　　要顺利完成如此巨大的基坑工程,从围护施工、桩基施工、基坑开挖,到浇筑大底板等,都需要每个步骤环环相扣、衔接有序,同时还要确保工程质量及安全。苏州中心项目中针对超大基坑开挖而进行的技术研究与施工管理,都蕴含了开发建设团队无限的智慧。

8864根桩基像大树的须根，使苏州中心巍然屹立于金鸡湖畔

总长 400 公里的桩基,像根系一样支撑起建筑

6个月的时间完成了总长度约400公里的桩基施工,这个长度相当于从苏州到南京来回的距离。

如果建筑是大树,那么桩基就是大树的根基。正是通过牢牢扎于地下深处的桩基,建筑才得以把荷载传递到深处的土层,稳稳地屹立不倒。

苏州中心占地总面积为16.7公顷,相当于23个标准足球场的大小。扇形的地基南北向长774米,东西向宽375米。由于业态复杂,项目地基分为超高层塔楼地基、裙楼地基以及大底盘等部分。而苏州中心这棵"超级大树",也需要极丰富、有力的根系来支撑,据测算,桩基总数量达到了8864根。

根据上部荷载及桩端持力层不同,高层建筑的桩型通常有PHC管桩、钢管桩和钻孔灌注桩三种。但PHC管桩受桩身强度与沉桩能力的限制,很难穿越厚厚的粉土夹粉砂层;而钢管桩在施工过程中的振动、噪声和挤土效应,会对轨道和周边建筑管线产生很多负面影响。经过综合考虑后,苏州中心选择了第三种桩型——后注浆钻孔灌注桩。这种灌注桩,先成桩,后利用桩基内部预设的注浆管进行注浆,浆液渗入桩体之间的缝隙,固定桩端土体及沉渣,使之成为巨大的整体,能大大提高桩基承载力。

苏州位于太湖冲积平原区,地表水资源丰富。基于地基的区域荷载和地质情况,裙楼及大底板下桩基长度从33米到81米不等,在竖向荷载最大的塔楼区域,部分桩基的长度达到98米。这些长短不一的桩基就像大树不同的根须,深深

地扎入黏土层、粉土夹粉砂层、粉质黏土层等受力土层,保证地基受力均匀,让苏州中心建筑群岿然屹立于金鸡湖畔。

按照总控计划,为了在6个月内完成8000多根、近400公里的桩基施工,苏州中心超大基坑的桩基施工现场中有近80台灌注桩机同时施工。开发团队专门制定了桩基施工行进图,对每台桩机的行进及施工路线进行规划,确保80台桩机在施工时行进路线不交叉。在施工过程中,根据每天的工程进展,实时更新桩机行进图,不仅提高了单台桩机的工作效率,也提高了整个区域内所有桩机的效率。

在合理统筹下,仅仅6个月的时间,苏州中心就完成了总长度约400公里的桩基施工。

建筑工人正在焊接钢筋笼

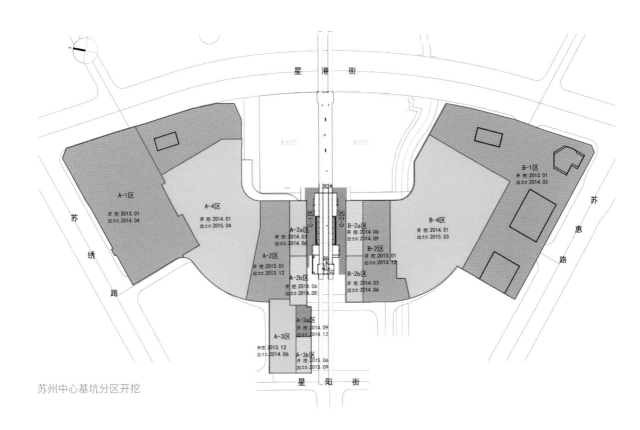

苏州中心基坑分区开挖

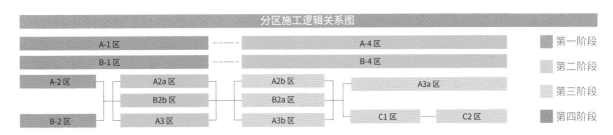

地连墙钢筋龙吊装

科学组织，完成紧贴轨道侧 14 万平方米超大基坑

经过反复讨论、研究，最后根据"化大为小，先远后近，先易后难"的原则，确定了超大基坑的开挖方案。

作为国内规模最大的城市建筑基坑工程之一，苏州中心基坑面积达到了14万平方米，总开挖土方量约为230万立方米，其中地下三层区域基坑开挖深度达到了16米，地下四层区域基坑开挖深度为20米，整体卸土量约为400万吨。扇形基坑呈环抱之势与东侧已建的东方之门隔路相望，而运营中的苏州轨道交通1号线将基坑切分成南北对称的两块。

基坑面积大、开挖深度大、周边建筑多、距离地铁近，以及所在区域含水量大的地质特征，给苏州中心的基坑挖掘带来了施工时间长、基坑控制变形要求高等诸多难点。同时，项目中超高层建筑和大体量裙房的施工周期不同，时间统筹也是需要着重考虑的内容。

为了保证整体施工区域的土地平衡及周边环境的安全，苏州中心团队先后提出了5个方案，经过反复讨论、研究，最后根据"化大为小，先远后近，先易后难"的原则，确定了超大基坑的开挖方案。进入施工阶段，随着对工程项目理解的不断深入，项目管理团队对基坑分坑方案持续进行优化，并通过BIM模拟推演，将基坑施工转变为跳仓同步开挖，突破顺做法的时间统筹问题，实现了关键线路上大约4个月的工期压缩。在基坑支护、场地排水等其他综合措施保障下，顺利推进超大基坑的开挖。

首先，为减小"时空效应"对周边环境的影响，将大坑分成13个小坑，化大为小，尽量缩短单坑开挖时间，降低土体开挖时的回弹变形，确保可以控制基坑施工中的围护变形和周边沉降。

其次，考虑到开挖基坑会对轨道造成扰动，将轨道侧基坑与其他分坑"分离"，并依据"前期远离轨道，后期靠近轨道"的顺序进行施工。近轨道两侧的基坑，一个长度达到了240米，另一个也有160米。若双侧同时施工进行卸土，国内还没有同时开挖成功的先例；若单侧一次性开挖，则轨道变形过大会危及轨道安全。因此，将靠近轨道两侧的两个基坑又分解为共6个条形基坑，控制单边长度在50～70米，施工时按一定顺序进行两侧交叉开挖。

最后，在基坑分块中，还要协调好项目整体进度。针对高层区域开挖深度较大、施工周期较长的情况，安排高层建筑所在区域的基坑先行开挖，并在支撑布置中尽量避开核心筒结构，为施工创造更好条件。当塔楼达到正负零，基坑变形达到稳定，再进行商场区域的开挖，确保整体安全性。

严格管理,实现 230 万立方米土方的安全转移

基坑开挖过程中,每天挖出8000多立方米的泥土,
这些土方由80辆土方车日夜不停地送到指定的弃土点。

苏州中心项目的开挖土方足足达到了230万立方米,如果把它填成一座7~8米高的小岛,这座小岛将占地30公顷,可以容纳8个拙政园。

基坑开挖过程中,每天挖出8000多立方米的泥土,这些土方由80辆土方车日夜不停地送到指定的弃土点。如何按时、顺利、安全地将这些土方"愚公移山"式地运输到20公里外的填埋地点,并尽量减少对城市和居民的影响,这是一个严峻的考验。

在运输前,项目管理团队首先汇同交巡警、城管执法部门共同制定了详尽的《苏州中心土方工程管理规定》,详细规划运输路线,共同疏导、管理道路交通。在车辆管理上,制定了《车辆管理制度》,开工前开展安全文明教育,落实责任主体,专人专车,进行月度考核。实施过程中,所有土方车都安装了GPS,项目管理能实时监控车辆路线和车速,防止车辆随意弃土。夜间运输车辆必须关闭倒车提示音、禁止鸣笛,最大限度地减少噪音。

苏州中心还专门成立了道路保洁队及运输巡查队,配备洒水车及清理工具,每天沿途巡查,对运土行程中的抛洒滴漏情况及时清理,确保所经的城市道路干净整洁。

为了保证运输沿线道路的整洁,离场前仔细清洗每辆土方车

80辆土方车日夜不停，每天运送8000立方米泥土

每个独立异形坑需要被划分成每块3000~4000平方米后再进行浇筑

分块分层浇筑 **14** 万平方米
超大地下室底板

苏州中心采取了"分块+分层"的浇筑策略，
顺利地完成了超大底板的浇筑。

苏州中心超大基坑达14万平方米，底板积足足有20个足球场那么大，局部厚度达5～6米，整个底板混凝土浇筑量达21.18万立方米。同时，混凝土在从浇筑到硬化的过程中会因化学反应产生热量，此时混凝土表面温度散发较快，但内部温度散发较慢，内外温度差导致热胀冷缩不同步，就会使混凝土产生裂缝，造成大底板漏水等严重问题。

如何避免变形和温差造成的裂缝呢？面对这样大体量的底板浇筑工程，苏州中心采取了"分块+分层"的浇筑策略，顺利地完成了超大底板的浇筑。

首先，在超大基坑开挖方案中，整个场地已经被划分成了13个独立的异形坑，但最大的一个仍然有近3万平方米，大约4个足球场那么大。所以，在此基础上，苏州中心将每一个基坑内的底板再分成更小的面积——平均3000～4000平方米。每个小块之间预留充足的后浇带，以消除由于地块上方荷载差异引起的沉降变化，以及由于热胀冷缩引起的底板之间的水平变形。

然后，将小块的底板分层连续浇筑，单层厚度控制在30～50厘米，以确保混凝土浇筑的密实性。同时，采取多重措施让内外部多余热量有足够的时间及时得到发散。浇筑前，在基坑内部预留冷却水管，做好充分的准备工作；浇筑时，严格控制混凝土的入模温度，并在表面覆盖保温；浇筑成型以后，在预留的冷却水管中注入冷水循环，及时带走混凝土内部的热量。如此才能加强混凝土密实度，避免混凝土表面和内部热胀冷缩不同步而产生裂纹。

正是基于"分块+分层"这样条理清晰的浇筑策略，才保证了这块超大底板的天衣无缝。

从管理、技术到施工的严密控制，保证了30万平方米耐磨地坪的安全性能与美观

单元式管理30万平方米耐磨地坪的浇筑

30万平方米的耐磨地坪,其面层仅10厘米厚,

而且浇筑中需满足一次成型、与底板结构不脱壳以及尽量减少开裂这三大要求。

超大地下室搭建好后,还需要给楼板结构刷上一层地坪,就像给混凝土表面涂一层保护膜。

苏州中心对地下停车场地坪也有着很高的要求,铺设的地坪既要有抗冲击、抗压能力,又必须满足美观和消防安全等多重考量,因此,在耐磨地坪和环氧地坪中,最终选择了兼具致密、易洁、防潮、耐久和消防安全等性能,但施工要求很高的耐磨地坪。

30万平方米的耐磨地坪,其面层仅10厘米厚,而且浇筑中需满足一次成型、与底板结构不脱壳以及尽量减少开裂这三大要求,给地坪浇筑带来了非常大的挑战。项目管理团队从管理、技术到施工进行了严密的控制,完成了耐磨地坪的浇筑。

首先,从管理上进行分块编号。先将30万平方米的地坪按照1000~2000平方米的小单元进行编号,并根据编号给每个单元配备控制其施工流程的"监护人",以施工秩序标准化保障施工质量。

然后,进入耐磨地坪的浇筑阶段。先将底板清理干净,按规定开凿错落分布的细槽,使底板与地坪之间保持较好的的黏连性,以防产生剥落。耐磨地坪所使用的混凝土强度和硬度较高,这样的混凝土容易出现裂缝,为减少裂缝,则必须严格控制混凝土的配比。为此,在正式浇筑之前,专门对混凝土进行配合比试验,并在施工过程中随时抽查混凝土的配合比。为了进一步加强抗裂处理,浇筑过程中还要将5厘米长的钢纤维按照设计要求非常均匀地混合到混凝土中。与常规绑钢筋的抗裂方式相比,当混凝土受力时,钢纤维可以从各个方向固定混凝土,使内部结构保持稳定。浇筑过程中同时使用激光整平机确保30万平方米的超大地坪一次成型的平整度。浇筑完成后,再在混凝土表面均匀撒上金刚砂,以提高地坪的耐磨性。

最后,考虑到这层地坪的热胀冷缩,还要设置伸缩缝。控制好伸缩缝的关键,在于切缝时混凝土凝结的火候及切刀的锋利。快刀才能斩乱麻,施工规定每片刀片切缝150米左右就需要更换,这样才能确保刀口的利落平整。

通过单元式管理的精细控制和施工工艺的精益求精,确保苏州中心地下停车场的这块超大地坪既满足了功能需求,又十分美观。

大车换小车,完成 1600 米沥青环道的浇筑

要在地下二层两条8米宽、3.2米高弯弯曲曲的"管道"中,完成总长1600米的沥青路面摊铺,
受到了荷载、空间、通风以及沥青原料特性等多方面因素的制约。

作为两条联络城市主干道和地下车库的交通动线,苏州中心地下环道通过29个出入口,对来往车辆进行高效引流,以确保区域交通的顺畅有序。这两条地下环道必须达到市政道路的要求,考虑到防滑性、低噪音和耐用度,苏州中心选用了沥青路面。但是,要在地下二层两条8米宽、3.2米高弯弯曲曲的"管道"中,完成两段长度均为800米的沥青路面摊铺,可不像地面施工那么容易,它受到了荷载、空间、通风以及沥青材料特性等多方面因素的制约。

首先是荷载和空间问题。在运输车辆选择上,常规运输车满载沥青的重量达30吨,远超出地下环道5吨的设计承重能力。3.2米高的空间也无法让大型机械运输设备通行。于是,项目管理团队采用大车换小车的办法,先用大车将沥青运输至环道入口处,再利用翻斗状态下不超过3米高的农用车转运至地下环路施工现场,实现了沥青原料的转移。

其次是沥青材料摊铺温度的问题。沥青作为一种热熔性材料,在摊铺时必须保持在160℃以上才不会发生硬化。如何能在大车换小车过程中减少热损失呢?施工前,项目管理团队提前考察运输路线,选择最佳路径,在最短的时间把混合料快速运输到最合适的地下环道入口处。此时,带有隔热层的转运小车早已提前待命,在20分钟完成一车原料的倒运后,双层覆盖进行保温,最终将沥青的摊铺温度控制在160℃以上。

最后,沥青原料的摊铺还受到荷载和空间的制约。摊铺机和压路机常规自重都达到10吨以上,无法进入地下。为此,苏州中心通过荷载核算对摊铺机和压路机进行改装,以确保路面结构的安全。由于地下停车场拐角较多,摊铺机无法进入拐角处作业,于是采取人工摊铺辅助施工,接缝处使用喷枪加温,再进行人工压实。

此外,在总长1600米的地下环道中施工还要保证空气流通。为此,现场加设了20台鼓风机来加强空气流动,排除有毒气体,并给工人配备防毒面具,确保施工安全。

通过每个步骤的精心考量,苏州中心在地下顺利铺设了两条符合市政标准的环道,为苏州中心立体交通体系配备了一大硬件。

达到市政标准的地下环道

智造密码·探寻苏州中心
CONSTRUCTION QUESTIONING·建造追问

轨道侧施工保护
Track Side Construction Protection

　　2012年5月,当苏州中心正式开工时,轨道交通1号线已经正式运行一个多月,这就意味着准备"大肆动土"的苏州中心必须在轨交严苛的限制条件下,实现轨道交通1号线的跨越。

　　紧挨着轨交的工程施工,要遵守严格的施工规定,因为在围护施工、降水、开挖等工序中,任何一道环节的疏忽大意,都会对轨交产生难以估量的影响。为此,苏州中心项目管理团队在基坑开挖前,对可能存在影响的方方面面进行了预判,运用地连墙、轨道侧基坑分段式施工、应力自伺服系统及GeoMoS自动监测四大措施来应对困难、降低工程风险,时刻保证轨道的运营安全。这些工程实践,将成为未来其他类似工程的重要参考案例。

像铜墙铁壁一样 400 米长的超深地连墙

基坑与隧道如此 的"亲密无间",不但缺少足够的距离消解施工带来的影响,
刚性的站台和柔性的区间隧道两种结构"迎面相交",相接处十分脆弱。

轨道盾构隧道就像一条柔软的"空心管",从苏州中心14万平方米的超大基坑中穿越而过。靠近"空心管"两侧的基坑,一个长度达到240米,另一个达到160米,基坑边线距离隧道结构最近处仅9.5米,与轨道车站最近处更是只有7米。基坑与隧道如此的"亲密无间",不但缺少足够的距离消解施工带来的影响,刚性的站台和柔性的区间隧道两种结构"迎面相交",相接处十分脆弱。

根据轨道公司规定,开挖轨道侧基坑造成轨道盾构的变形不得超过10毫米。当我们要在这样一条敏感柔软的"空心管"旁边施工时,试想需要多小心,才能保证对轨道的影响是以毫米级来计算?

首先,为了尽量减小对轨道的扰动,项目管理团队将轨道两侧基坑分别切成北侧4段和南侧2段,通过对称交叉施工,既避免了双边同时开挖失去土体支撑的危险,也抢占了

工时。而根据"对地铁有较大安全风险的施工作业只允许在地铁夜间停运期间实施"的规定,苏州中心近轨道侧施工只能抢占每天夜里的6个小时,完成单段完整工序,当次日轨道交通1号线复运时,轨道周边需"按兵不动"。

其次,通过三轴搅拌机在地连墙两侧向土体注入严格控制水灰比的水泥浆进行搅拌,进行侧壁土体加固。施工地连墙时,它们就能牢牢"卡住"地连墙,防止槽壁坍塌,起到槽壁加固兼止水帷幕的作用。

然后,在轨道侧建立起一堵1米厚的地下连续墙。墙体最深处达到55米,单幅钢筋笼最大重量达73吨。这道地连墙具有整体刚度大、强度高、施工时振动小、噪音低,对周边环境影响小的特点,能充分发挥支护作用,牢牢抵抗外界的侵扰,可大大降低后续施工对轨道的影响。有了地连墙这道铜墙铁壁的防护,为轨道的变形控制打下了良好的基础。

深入地下53米的1米厚地连墙，墙体单幅钢筋笼重达73吨

分段式零卸载，
实现运营中轨道上方 米近距离开挖施工

> 轨道盾构区是一条柔软的空心管，如果为了放入共同管沟，直接卸除空心管上方的土层，轨道就会"浮起来"，造成毁灭性破坏。因此，共同管沟的施工必须满足极苛刻的要求。

酒店、公寓、办公楼、住宅、大型商场……在苏州中心，不同功能的建筑分布扇形的地块上。位于地块西侧的集中能源站像一颗心脏，通过大量的"毛细血管"——能源管线，源源不断地将能量供应到各个地块，保持这座综合体的正常运转。

为了集中跨越轨道交通1号线，"毛细血管"被集中收纳在共同管沟中。共同管沟贯穿南北地块，从轨道交通1号线盾构隧道上方4米处跨越，跨越长度达24.2米，真是"在太岁头上动土"。

轨道盾构隧道是一条柔软的"空心管"，如果为了放入共同管沟，直接卸除空心管上方的土层，轨道就会"浮起来"，造成毁灭性破坏。因此，共同管沟的施工必须满足极苛刻的要求：一，要保证共同管沟开挖施工时轨道上方的压重基本不变；二，为了保护运营中的轨道，苏州中心共同管沟的跨轨道部分施工每天的施工时间仅为轨道停运的6个小时。

依据土体变形的"时空效应"以及施工限时，项目管理团队多次进行模拟，根据土体的变形数值，提出了分段式零卸载的施工方法——轨道上方的共同管沟沿横向分为5个区段，在每段变形快速积累之前安设管沟并迅速实施回载，从而让下方的轨道盾构"无从察觉"，集零为整，最终完成整个管沟的施工。方法虽然有了，但要实行分段式零卸载施工，还需要各方通力协作。

首先，设定开挖次序，保证每个标准开挖段在一个夜间段内完成全部工序的施工。对时间控制和短时失载影响进行精密测算，确定每晚最多进行两个开挖段施工，每个开挖段以两节管段为宜。

其次，预制与管沟分段相贴合的U形分节预制管沟。当实施开挖时，每挖一小段，吊放U形预制管沟，做好管沟周边回土填设，同时再给U形口盖上预制水泥板，上面放上沙袋，以补偿荷载差值，然后进入下一段的管沟开挖。

最后，当管沟内的各种管线在穿铺架设完毕后，再进行荷载差异测算，差额的部分可以采取配重、管内回砂或管底浇混凝土等方法来解决。

在覆土层非常薄的轨道上方动土难度极大，很少有案例可以借鉴。但项目管理团队充分发挥科学严谨的钻研精神，通过分段零卸载方式，边施工边调整，杜绝了下方地铁盾构的隆起变形，顺利完成共同管沟的跨轨道施工。

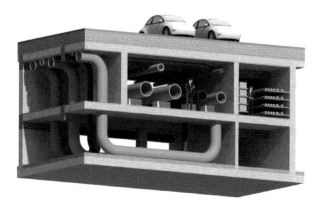

经过精密预设的共同管沟

整体工艺流程

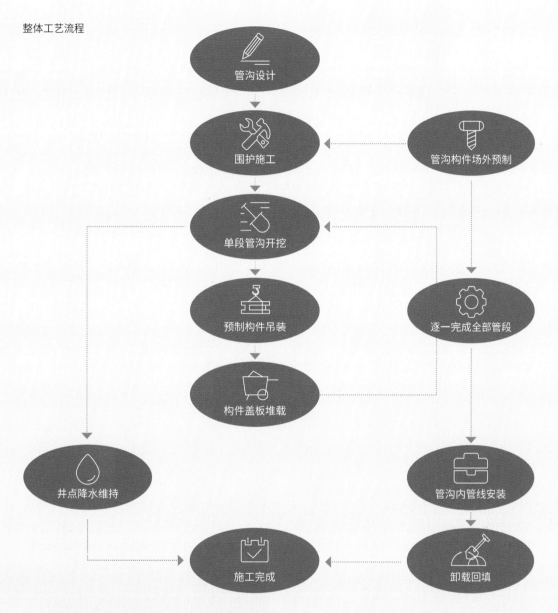

地铁保护的基本原则是零卸载，在预制管路吊装完毕并回土后，中空的管路在荷载方面还是较原状土有损失，采取补偿堆载的方式处理，具体方法是将袋装沙包预先放在专用钢筋笼架内，实施堆载时直接用叉车转运即可。

补偿堆载示意图

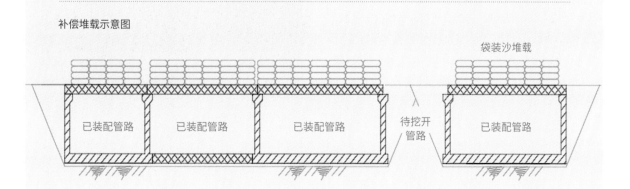

应力自伺服"智慧工人",降低 %变形量

这种充满智慧的技术,不仅可以"灵敏感知"建筑变形,
还可以有效降低条形基坑开挖时产生的水平位移,减少轨道在水平方向上的变形。

轨道外侧6个条形基坑开挖过程中土方卸载与增设支撑的时间差,将会在这段土压力变化期引起基坑变形和轨道周边的土体变形,进而影响轨道。如此一来,不但10毫米的变形控制目标无法保证,更会直接冲击到运营中的轨道交通1号线,稍有不慎,就会带来极具破坏性的后果。

如果说地连墙是轨道侧的铜墙铁壁,尽可能抵挡住了墙体外侧施工对轨道的干扰。那么,如何将条形基坑施工时对轨道的影响始终控制在允许值范围内?应力自伺服系统,这种充满智慧的技术,不仅可以"灵敏感知"到基坑变形,还可以通过千斤顶施加压力来降低条形基坑开挖时产生的水平位移,减少轨道在水平方向上的变形。

苏州中心地下三层结构的条形基坑设置四道横向支撑,第一道为混凝土支撑,后三道为采用了应力自伺服系统的钢支撑。应力自伺服控制系统主要由PC人机交流系统、DCS控制系统、油压泵压力系统和钢支撑系统四个部分组成。如果把应力自伺服控制系统比作人,那么DCS控制系统就是"中枢大脑",可以接收分析24小时监测的数据;PC人机交流系统就是人的"眼睛",时刻观察着数值的变化;油压泵压力系统和钢支撑系统,则相当于可以发力的"四肢"。不仅如此,"四肢"内安装的应变片,可以随时读取数据反馈给"中枢大脑"。

由此可见,应力自伺服系统好比一个帮助钢支撑发力的"智慧工人",基于24小时的数据监控和分析,通过钢支撑

上的"四肢",对因为塑性变形和应力松弛而损失的轴力实施补偿,迅速准确地针对变形作出支撑力的调整。当开始施工时,安装了应变片的"四肢"将实时数据传输给DCS"中枢大脑","中枢大脑"如果分析出发生变形或位移,就会立即自动启动系统。当开始施工时,支撑深基坑"四肢"上的高精度传感器将实时数据传输给DCS"中枢大脑",经"中枢大脑"分析,如果乏力"四肢"就会发力回顶,反之则"四肢"就会卸力收缩。

通过采用应力自伺服系统的"智慧工人"们,苏州中心条形基坑的变形值只有预估的50%,并且没有超过4毫米,轨道侧施工的变形控制达到了非常理想的效果。

应力自伺服系统好比帮助钢支撑发力的"智慧工人"

应力自伺服系统的"四肢"可以进行强力回顶实现变形回调

GeoMoS自动监测，24 小时的"形变心电图"

以每6小时一次的频率,对轨道盾构区的道床沉降、管片结构绝对位移、隧道内径变化、车站侧墙沉降、车站侧墙水平位移、区间与车站差异沉降六大内容进行实时监测。

轨道侧施工时,确保轨道安全的重要性不言而喻。控制变形成为轨道侧施工安全管理的重中之重。根据轨道公司的规定,轨道侧施工时隧道水平及竖向变形都必须严格控制在10毫米之内,仅仅相当于一个小拇指的宽度。

要实现这样精微的变形控制,就需要对轨道变形进行实时监测,实现及时、高效的信息化施工。为此,苏州中心应用了可以调整监测频率的徕卡GeoMoS自动监测系统,在关键区域布置了220个监测点,以每6小时一次的频率,对轨道盾构区的道床沉降、管片结构绝对位移、隧道内径变化、车站侧墙沉降、车站侧墙水平位移、区间与车站差异沉降六大内容进行实时监测。

适用于监测高层建筑物、高危建筑、古建筑、隧道、高架道路等形变量的GeoMoS,主要由数据分析系统和时刻监测的机器人两部分组成。其中综合了长距离自动精确照准技术机器具有极高测量精度的特点,由其负责监测采集,并将采集后的数据传输回系统平台,通过应用了神经网络、频谱分析等理论的系统平台对数据进行分析处理,形成直观的"形变心电图"。

这就意味着,工作人员每隔6小时就能收到一份由最新数据形成的"形变心电图",从而及时掌握轨道变形情况。不仅如此,GeoMoS的"大脑"还会根据"形变心电图"进行预警、趋势预测。当测点变形量将超过预警值时,它会提前以手机预警短信、电邮的形式发给施工管理人员。工作人员随即提交相关负责人,召开会议讨论分析,提出有效措施,及时解决相关问题。

正是基于GeoMoS在"前线"的精确监测和智能处理,苏州中心在轨道侧基坑施工过程中,根据90份"形变心电图",将轨道侧施工的累计变形增量控制在5毫米以内。

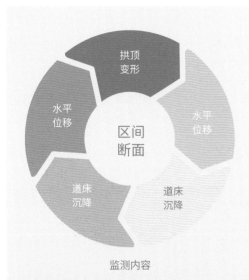

监测内容

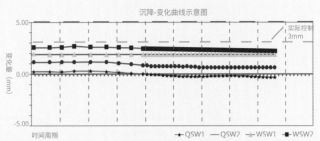

沉降监测变化曲线

GeoMos自动监测系统对道床沉降、管片结构绝对位移、隧道内径变化、车站侧墙沉降、车站侧墙水平位移、区间与车站差异沉降六大内容进行实时监测。

现场监测与数据采集

轨道监测机器人

未来之翼
The Future Wings

展开面积达到3.5万平方米的"未
来之翼",是世界上最大的整体式自由
曲面网壳屋面钢结构。它南北展开长
约630米,东西展开长约180米,在凤园
上方处达到55米的最大跨度。整个"未
来之翼"的钢结构由10590个异形网格
组成。

钢结构组成了"未来之翼"轻盈流
畅的骨骼,不同颜色图案的玻璃和隔栅
则描绘出色彩绚丽的凤凰羽翼。作为苏
州中心的点睛之笔,"未来之翼"以凤凰
展翅的造型,成为金鸡湖畔建筑群中最
别开生面的乐章,彰显着苏州中心迎向
未来、集聚无限繁华的愿景。

万平方米的"未来之翼"骨骼刚柔并济

有活动能力的铰接节点，
可以让这个全球最大的整体式自由曲面网壳屋面像微风中的树冠那样"轻柔摇摆"。

凤凰展翅的美好意象赋予了"未来之翼"行云流水般的轻盈身姿，表达了苏州中心"展翼飞翔，迎向未来"的美好愿景。但苛刻的外观要求和不利的超限条件，给设计师提出了巨大的挑战。

首先，作为城市地标，3.5万平方米的"未来之翼"磅礴大气、展翅欲飞。要达到这样充满动感的效果，就要尽可能达到通透、轻盈、柔软和流畅的设计要求。绝不能因为它超长超大，就出现任何类似结构伸缩缝这样的粗糙处理。

其次，虽然"未来之翼"是覆盖在商业体上的一个整体，但实际上，屋面却坐落在四个相互独立且高低错落的建筑体上。这四条长短不一的"脚"，在未来还可能会发生不同程度的沉降，这就要求，屋面需要具有一定的柔性来适应这种变形。

再次，"未来之翼"处于复杂的风环境中，东面面临从开阔金鸡湖湖面吹来的东南风，其余三面面临穿梭在CBD建筑群中的"穿堂风"。加上"未来之翼"本身轻薄不规则的曲面结构，以及玻璃幕墙格栅、开洞等不同造型，都为应对风荷载增加了难度。

在经过反复比对方案后，结构设计师提出了"以柔克刚、刚柔相济"的原则，并通过"三步走"的方案论证，最终明确了"未来之翼"的"骨骼"设计方案。

第一步，结构找形。因为"未来之翼"的结构轻薄且刚度小，必须找到合理的结构传力路径，才能避免屋顶在承受荷载之后发生非常大的变形。通过建立变形位置的平衡方程，设计师就可以确认多大的变形可以满足控制效果和结构安全。

第二步，化整为零。利用复杂的双曲线，结构设计师将屋盖划分成10590个四边形的网格格栅。比三角形少一根杆件的四边形网格既经济又可以减轻自重。同时，当屋面因为超长引起扭转变形时，四边形网格的四个节点能通过翘曲有效消解变形，从而达到适应变形的效果。

第三步，以柔克刚。大鸟屋面通过树形柱、V形柱和侧水平支撑杆等构件支撑在四座建筑体上。这些撑起屋面的"树枝"，通过铰接或刚接联系网壳。其中有活动能力的铰接节点，可以让这个全球最大的整体式自由曲面网壳屋面像微风中的树冠那样"轻柔摇摆"。

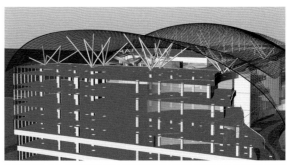

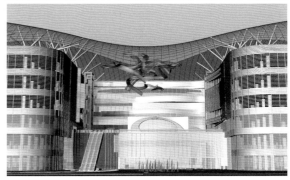

多次建模，确定最佳方案

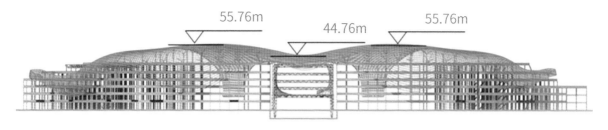

西立面示意图

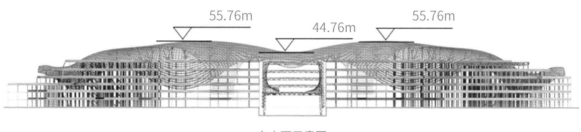

东立面示意图

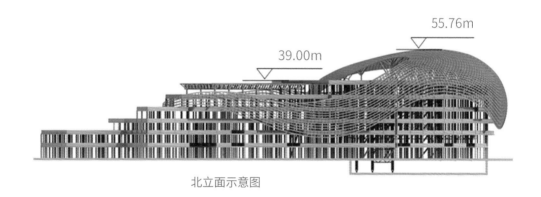

北立面示意图

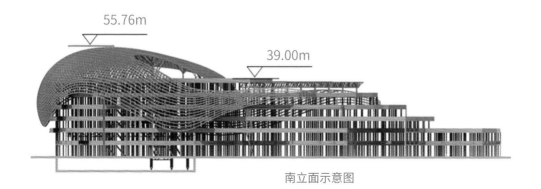

南立面示意图

3.5万平方米的"未来之翼"磅礴大气、展翅欲飞

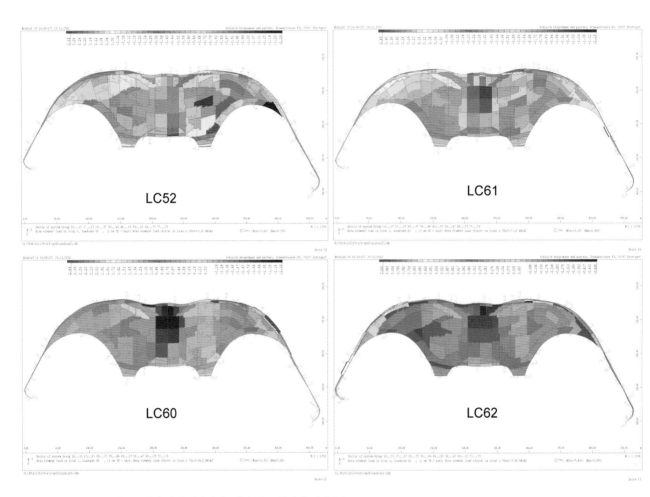

风洞试验的结果为风环境复杂的"未来之翼"提供了精确的科学依据

次风洞试验使"未来之翼"更精准

在风荷载作用下,"未来之翼"并不会自然下垂,它反而会像风筝一样被吹向天空。

随着摩天大楼越来越多,建筑本身所处的风环境也越来越复杂。风洞试验是一条有效的科学路径,帮助设计师预先精确测量到建筑体在复杂风环境中的风荷载,研究风对建筑体的影响机理,从而能够依据数据,合理布局舒适宜人的生活空间。

东邻金鸡湖的苏州中心,既要面临开阔湖面吹来的东南风,又置身在密集高层建筑群的复杂风环境中,两栋规划中的超高层,在未来也会严重影响苏州中心的风环境。

项目管理团队首次走进风洞试验,以1/350的几何缩尺比,模拟了位于周边约1500米直径范围内的主要建筑,在7栋目标高层建筑上共布置了2747个测点,覆盖了这些建筑的所有外表面,并分别对两幢待建超高层未建成和建成后的情况进行了模拟。

这次模拟表明,密集的高层建筑群对来流气流一般会起到遮挡作用,但会增大紊流度,使得顺风向共振响应分量增强,横风向共振响应分量减弱。这些结论为苏州中心7栋塔楼的抗风设计提供了非常具体的参考取值。

对于苏州中心来说,仅仅针对高层建筑群的试验还不够。因为正对着东方之门门洞的"未来之翼",其双曲面结构让它受到的风荷载可能更大。为此,项目管理团队再次走进风洞实验室,单独对"未来之翼"结构的受力性能进行了验证。

在这一次风洞试验中,为了能360度全方位监测"未来之翼"受风力的影响,尽可能地提高测量的数据精度,在它的模型上布置了518个测点。通过这次风洞试验发现,和之前想象的有所不同,尤其是在中庭区域,结构的风吸力实际上远大于结构的自重——这就表明,在风荷载作用下,"未来之翼"并不会自然下垂,反而会像风筝一样被吹向天空。

那如何拖住这只"大鸟风筝"呢?设计人员结合建筑功能,对屋盖上玻璃覆盖的位置和范围又进行了调整。经过三次屋盖玻璃覆盖方案的比较,最终确定了合理的开洞率和开洞位置,保证"未来之翼"在风环境下,既有动态展翼之势,又能稳健地栖留在苏州中心建筑之上。

风洞试验建模

30000 根杆件锱铢必较，
呈现完美"未来之翼骨骼"

以"屋盖分区、设置胎架、分块加工、分块吊装、高空补档、分区卸载"的施工思路，
实现"未来之翼骨骼"的30000根杆件和15300个交叉节点各安其位、各司其职。

"未来之翼"的"骨骼"是空间双曲网壳钢结构体系，展开面积达35000平方米，是世界上最大的整体式自由曲面钢结构屋顶；它南北展开长度约630米，东西展开长度约180米，南北两侧结构最大跨度55米、结构最大高度达53米、下挂最低点15米，造型起伏柔顺、整体通透。

"未来之翼"的钢结构体系具有体量大、体态轻柔、再加上空间双曲、侧立面下卷的特点，整个屋盖有多达30000根杆件，15300个交叉节点，30多种杆件规格，18种节点形式，为了让如此复杂的结构稳定安全、整体平顺，满足功能要求，现场施工组织面临着前所未有的难度和挑战。

按照常规，通常会采用"搭设满堂脚手架高空散装"及"大型吊机跨外分大块吊装"的施工方案。但由于现场施工空间有限，无法满足"大型吊机跨外分大块吊装"的条件，而"搭设满堂脚手架高空散装"的后道工序繁琐、耗时太久。经反复讨论研究后，项目管理团队最终确定了"屋盖分区、设置胎架、分块加工、分块吊装、高空补档、分区卸载"的总体施工思路。

首先，是优化加工设计。将杆件进行归类，减少杆件规格，优化节点形式，通过BIM建模，将屋盖划分为880个尺寸不一的吊装分块，出具加工图。经统计，整个屋盖共计出具了上千张深化设计蓝图，为工程的顺利实施提供了有力的技术保障。

其次，是分块加工。钢结构的吊装分块在工厂进行加工，各分块要制作独立的拼装胎架，胎架不能周转使用，每个分块在拼装顺序、杆件和节点的焊接顺序上均需严格控制。现场吊装分块拼装时，利用全站仪对每个节点进行定位，实现每个分块的加工精度控制在5毫米以内的要求。

再次，是分块吊装和高空补档。钢结构分块单元吊装时，根据总体安装方案，将整个屋盖划分为7个吊装区域，分区域实施。利用2台全站仪确定每个分块4个节点的三维坐标，将每个节点偏差控制在5毫米，保证单个吊装分块的偏差控制在10毫米以内。一旦超过，则利用和相邻分块中间的补档杆件，将误差一点点"消化"，防止后续安装中误差累积。高峰阶段，3台大型塔吊、4台大型履带吊机全部投用，5台全站仪穿插配合；安装后进行焊接作业，整个屋盖15300多个现场对接节点，46000多条焊缝分区域进行，通过制定合理的焊接顺序，保证焊接应力及时释放，保证屋盖结构安全和观感平顺。

然后，是分区卸载。卸载是屋盖结构脱离临时支撑胎架独自承载的过程，3.5万平方米的屋盖同样分为7个区域进行卸载。依据承载力的不同，从两侧向中间进行。两侧各3个区域卸载同时进行，最后卸载中间区域。中间区域结构跨度最大，结构竖向变形值（卸载值）也最大，达140mm，在两侧卸载完毕稳定后再进行中间区域的卸载，就能得到安全保证。

最后，为"钢骨骼"披上防护衣。"未来之翼"作为敞开式屋盖，结构完全裸露，因此选用防锈性能好、无毒环保、防腐年限长、耐高温可焊性好的水性无机富锌底漆，以此实现"钢骨骼"的防锈蚀和美观提升。团队还为每个节点制作了"身份证"，底漆涂刷、中间漆及面漆涂刷都要在前一道工序验收通过后才能进行，三道工艺层层叠加，保证了整体效果和美感。

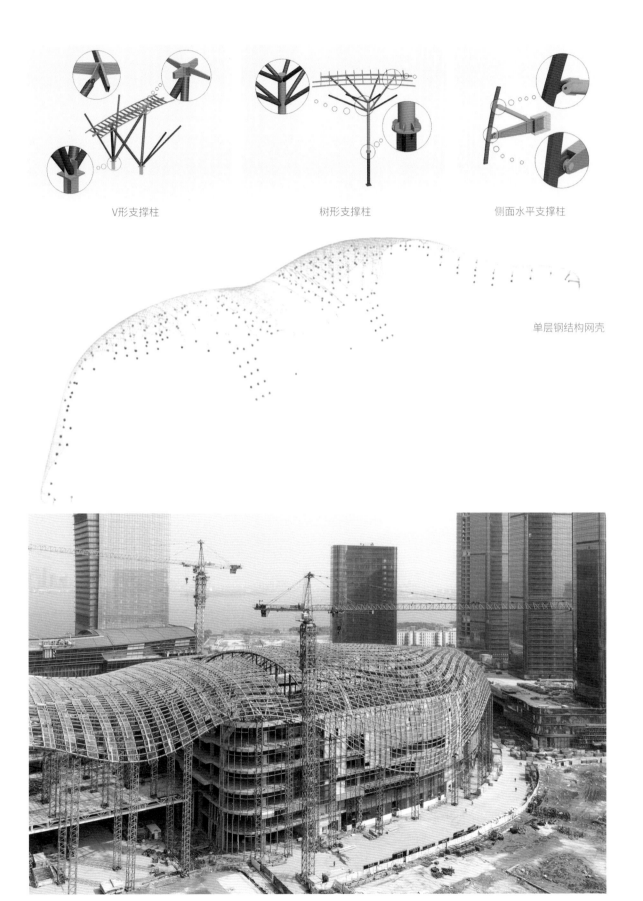

V形支撑柱　　　　　　　　树形支撑柱　　　　　　　　侧面水平支撑柱

单层钢结构网壳

30000根杆件既经济又可以减轻自重，同时可以吸收一定的变形

6554块玻璃和3636块格栅
为"未来之翼"披上霓裳羽衣

苏州中心创造性地确定了冷弯玻璃大规模安全应用的极限翘曲值为60毫米，成为了世界上冷弯玻璃应用体量最大的项目。

6554块玻璃、3636块格栅共同构成了"未来之翼"的"羽翼"。如何合理地加工、安装玻璃和格栅，保证整个屋面的线条柔顺，成为又一个需要破解的难题。

"未来之翼"的骨骼为四边形网格，空间双曲的结构导致每个网格的四个角点分布于"起伏不定"的曲面空间上。这意味着，屋面上的6554块幕墙玻璃，每块玻璃形成的夹角和翘曲度都不尽相同。

钢结构屋盖卸载完成后，为调整施工造成的数据偏差，通过4台全站仪对卸载后的屋盖重新进行节点数据采集，历时一个多月将14万个数据点反馈至BIM系统，再通过BIM系统对钢结构进行二次修模，修正后不仅降低了特殊部位玻璃过高的翘曲值，减少了翘曲值偏大玻璃的数量，而且确保了每块玻璃的尺寸角度和翘曲值更加精准，便于玻璃板块的生产加工。

同时，考虑到"未来之翼"的整体曲线弧度平顺性，项目团队又面临着玻璃制作工艺的选择——热弯玻璃或是冷弯玻璃。热弯玻璃是根据具体设计参数一次成型烧制而成的异形玻璃，曲度精准、安装方便，但成本造价高，不适合大面积应用。而冷弯玻璃出厂时是一张平面，在安装时，借助外力可以直接将它的第四个点压向另一个位置形成翘曲，成本造价相对较低、维护方便。但在以往的实际运用中，冷弯玻璃的翘曲值普遍不高，通常最多达到30毫米。

"未来之翼"的玻璃幕墙经过BIM复核后，翘曲值大部分超过30毫米。苏州中心决定打破常规经验，参考国内外冷弯技术实施案例，通过精密的理论计算，综合考虑安全要求及经济效益，经过十余次的试验、打样，终于创造性地确定了冷弯玻璃大规模安全应用的极限翘曲值为60毫米。最终"未来之翼"运用冷弯玻璃的数量达到了5737块，面积约为17963平方米，超过整体玻璃面积的85%，成为了世界上冷弯玻璃应用体量最大的项目。

6554块玻璃和3636块格栅，织就出一件"柔软"的霓裳羽衣

匠心筑造建筑
Pursuit of Quality Makes for Classics

建筑艺术是形式与功能的统一体，如果说满足功能需求是建筑的内在要求，那形式美则是塑造建筑的外在要求。其中，建筑细节作为与人本身产生直接交互体验的因素，还成为构建理想建筑不可或缺的一部分。

作为城市地标的苏州中心对建筑细节的关注更是精益求精。对幕墙的极致运用，重新诠释了一种材料的多种可能性；对通风器及遮阳板的悉心推敲，达到了形式与功能的完美统一；对装饰面层材料的多元选择，完美落地了设计理念；对市政道路通道吊顶的精心打造，更加丰富了建筑语言……经过臻于完美的匠心筑造，树立起一座经得住时间考验的城市中心。

与湖光天色融为一体的塔楼幕墙色调雅致

2座公寓大堂外立面上的夹玉玻璃与雪花玻璃

种玻璃的应用博物馆

苏州中心将20多种不同特性的玻璃广泛应用到了建筑外立面、内装、景观小品等各方面，整个建筑群俨然一座玻璃博物馆。

玻璃幕墙是一种新型墙体,它赋予建筑的最大特点是将建筑美学、建筑功能、建筑节能和建筑结构等因素有机地统一起来。苏州中心将20多种不同特性的玻璃广泛应用到了建筑外立面、内装、景观小品等各方面,整个建筑群俨然一座玻璃博物馆。

应用规模最大的是塔楼幕墙玻璃。矗立在金鸡湖畔的7座塔楼立面简约,剔透明净,色调雅致,充分展现了CBD的国际化气质。但要达到立面平滑流畅,与湖光天色融为一体的视觉效果,除了理性的专业选择,还需要感性的艺术判断。为了实现7座塔楼立面丝绸般的平滑度以及弧形幕墙与平面幕墙之间的流畅过渡,同时确保玻璃幕墙的安全性与环保性,苏州中心选择了三层低辐射超白中空夹胶半钢化玻璃。

由于幕墙整体面积达25万平方米,在有限的时间内没有一个生产厂家的产量能够满足需求。为了保证进度,不得不选择2家厂商同时投入生产,但即使是在反射率和透光率确定的前提下,色差仍难以避免,而7座塔楼的统一性也无从谈起。本着精益求精的态度,业主团队历时两个月,反复对比入围4个厂家的玻璃样品,从室内小样比对,到室外大型样品比对,再到楼体悬挂比对……经过7次看样、调整与比对,才最终确定厂家以及所有幕墙玻璃的生产系数。

除了塔楼幕墙,苏州中心还尝试用玻璃去构造艺术感强烈的建筑小品。商场东立面巨幅水幕下轻盈欲飞的"海鸥"状玻璃雨棚就是最为出彩的一笔。"海鸥"雨棚像两只展翅翱翔的海鸥从巨大的"海浪"中冲出,身后的"水浪"升起了绚烂的光芒,将剔透的翅膀照耀得五光十色。看似简约的造型,却在施工时一度陷入困境。其一是加工难。无规则空间曲面造型对双层夹胶热弯玻璃的生产加工提出了极高要求,由于应力集中,从模具释放后容易回弹,三维空间尺寸的精准度难以保证。其二是双层热弯玻璃脆性大,出品率极低。其三是运输难。异型玻璃在运输途中不仅占用空间大,而且任何不经意的碰撞,都会引起玻璃的破碎,即便是严格控制了运输流程,

配置了量身定制的"托盘"和软胶垫,像用布兜"兜婴儿"一样小心翼翼,还是出现了极高的破损率。其四是安装难。玻璃安全抵达现场后,异型玻璃在安装过程中需要手工搬运微调就位,拼接过程中的任何轻微损耗都将使之再次经历加工、运输、安装的周折,其中几块曲度最大的玻璃,甚至反复更换了4次才安装成功。从加工到完成安装,整整历时4个月,才最终完成了这个一度认为不能完成的任务。

苏州W酒店则将玻璃的室内装饰作用应用到了极致:WOOBAR酒吧,用钢化夹胶玻璃铺就呈现出漂浮感的无龙骨幻彩地板;会议室走道,用大块面无框渐变玻璃铺贴的外墙;中餐厅,用小块面镜子多角度拼贴而成的吊顶,夹着色彩绚丽的缕缕真丝细线的惊艳玻璃屏风,固定在异型不锈钢框架里的彩色波纹玻璃隔断,都为W酒店增添了许多新意。

苏州中心还在国内首次实现了内装玻璃的大规模外装应用。2座公寓的大堂外立面上,大面积悬挂着两种通常用于室内装饰的玻璃——夹玉玻璃和雪花玻璃。这样大胆的尝试,为公寓带来了独特的艺术气息,却对玻璃幕墙的选材和生产提出了极高要求。夹玉玻璃,顾名思义,就是将玉石薄片夹在两层玻璃之中。为了达到最佳观感,玉石不仅要色彩柔和、质地润泽,还要具有呼应幕墙横线条的山水纹理,入选的石材原料少之又少。同时要将硬度极大而脆度极高的玉石切割成不超过4毫米的薄片,可想其难。完成切割的薄片,用玻璃夹制,再根据纹理的衔接度贴好标签,最后才能定位上墙。雪花玻璃,半通透的青色底色上显现出不规则的白色小点,像漫天的雪花飞舞在蔚蓝的空中。殊不知,这种使用热熔技术高温烧制而成的玻璃,对工艺水平要求极高。寻遍国内外,最初只有一家日本的传统手工艺坊才能制作,但产量供给不上;而国内现有的产品远达不到设计师的艺术要求。最后,项目管理团队终于找到一家愿意尽力一试的国内玻璃厂商,在与设计团队的通力配合下,经过了十几轮的烧制和看样,终于掌握了烧制的工艺与火候,呈现出理想的图案。

1000 余种装饰面层的斑斓胜境

玻璃、GRG、不锈钢、织物类、砖类等1000余种面层材料应用，
完美演绎苏州W酒店别具一格的"悬浮园林"风采。

每一处都体现着材料与艺术的统一

作为金鸡湖畔一处传统元素与现代风格完美交汇融合的斑斓胜境，苏州W酒店中各种绚丽而富有创意的装饰材料随处可见，让人充分领略到时尚设计酒店的无限魅力。

为了完美演绎"悬浮园林"，达到富有冲击力的视觉效果，酒店内部装饰应用的玻璃、GRG、不锈钢、织物类、砖类等面层材料达1000余种。饰面材料的多样化和装置造型的异形化，对施工提出了极大的挑战。

"云起"是落客区飞碟型的不锈钢喷水装置，它造型简洁，但要达到芝加哥"云门"那样浑然一体又光滑如镜的水准，却不是件容易的事情。由于体量较大，椭圆形的不锈钢球体无法一次成型，只能由四块弧形材料拼接而成。通常不锈钢材料进行焊接时，不可避免会发生变形，因此焊缝的处理水平成为品质的关键。经过反复的试验与调整，精确控制焊枪的温度、焊接的速度和焊缝的厚度，再经过精心打磨和特殊工艺抛光，才最终达到倒映影像不会发生变形的镜面效果。

摇曳在潮堂上空的水晶云，由10000多个镀金属膜的三角形亚克力悬挂组成。为了呈现出云朵流动柔软的视觉效果，需要通过精密操作来把握设计美感。来自捷克的艺术家团队，驻场近1个月，经过现场人工测量、手工悬挂，才最终完成了10000余个悬挂点的悬挂布置，创作出"水晶云"的堆积感与层次感。

双曲面造型的WOOBAR酒吧如一圈动感的水晕荡漾在潮堂。为保障异形双曲面造型的灵动轻盈，酒吧基层采用GRG，利用3D扫描技术、点云模型技术、BIM技术、参数化技术、3D放线等高科技手段辅助造型。精准完成了基层造型后，饰面材料又难住了项目管理团队。为能严密包裹双曲面造型，反复比较后最终确定使用竹皮来作为饰面材料。参考纹理、厚度、延展性等核心指标进行多厂家、高频次比选，并反复进行样板实验，反复研究粘贴胶种、纹理排布后，最终决定选用0.8毫米厚的牛皮纸铝箔基产品进行竹皮的异形粘贴。在整体施工过程中，依据GRG造型进行竹皮小块面裁剪，还要进行版面色差及纹理比选，再由双人配合，通过1个多月的打磨，在不断地推翻重建中完成了的粘贴、压实等工序，确保阻燃竹皮像竹艺编织品一样，严丝合缝地包裹住异形基层。

100万个冲孔铝板小圆片不容分毫偏差，"绘制"成"姑苏繁景图"

"云起"浑然一体又光滑如镜

苏州W酒店细节精雕细琢，打造完美效果

位于35层的"胶囊"水疗包房,其充满太空感的椭圆形凹凸面造型,是由横向线条的GRG分块拼装而成。为了保证横向线条的平直度,苏州中心项目管理团队始终坚持精雕细琢,经过1800余人工的纯手工细致打磨,才确保了实物与设计效果图惊人一致。

位于37层的图乐西班牙餐厅,吧台运用了充满艺术感的不锈钢锤击面。为了达到设计师的要求,整个不锈钢锤击面层次分明、不显杂乱,施工团队放弃了千篇一律的机器锤击,不厌其烦地从最初的100毫米×100毫米的小样开始试验手工锤击,然后250毫米×250毫米、600毫米×600毫米,再到1000毫米×1000毫米,终于取得了令人满意的效果,最终的成品通过资深工匠12万余次的手工敲打一次成型。

对装饰面层富有想象力的运用和对品质精益求精的追求,呈现出"亦幻亦真"的悬浮园林。

图乐餐厅吧台充满艺术感的不锈钢锤击面

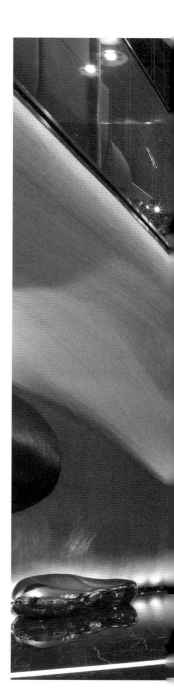

10000 多个镀金属膜的三角形亚克力悬挂而成的水晶石和阻燃竹皮包裹的异形基层

5000 个自然通风器与遮阳板完美结合

苏州中心塔楼外立面基于水波的设计理念，
强调横向线条的设计，长短两种挑檐将遮阳板和通风器完美结合，形成韵律感强烈的外立面装饰。

玻璃幕墙不仅提升了建筑外观的整体感和美观度，还为建筑内部提供了良好的采光和宽阔的视野。但是玻璃幕墙表面换热性强，热透射率高，即使使用了节能的Low-E玻璃，仍然需要加设遮阳设施来减少强光辐射，同时还需要加设通风器来保证建筑的自然换气。

苏州中心塔楼外立面基于水波的设计理念，强调横向线条的设计，长短两种挑檐将遮阳板和通风器完美结合，形成韵律感强烈的外立面装饰，将美观性与功能性完美地统一起来。

首先结合幕墙灯具安装等因素，对挑檐的位置和形式做了系统分析。分析结果表明：在可视区间上方设置长挑檐，能起到遮阳功能；在可视区间下方设置短挑檐，兼作室内窗台通风器的进风口。随后，结合立面效果对挑檐的形状和尺寸进行多轮对比研究，在确保光滑流畅的立面并可以达到遮阳效果的前提下，将长挑檐的尺寸控制在350毫米以内。同时，将长短两种挑檐的顶部都设计为斜面形状，使雨水能够顺畅流下；在挑檐的端部下方设计滴水线槽，使雨水不会向立面一侧回流，防止雨水中的灰尘附着在立面的挑檐底部。

当5000个自然通风器运行时，室外新风从室外遮阳板下侧进入幕墙横梁中，通过上下单元间的风道进入上横梁中，最后进入室内，保证室内空气的自然新鲜。

除了平衡对建筑立面的影响，通风器在室内的安装位置、视觉效果，甚至连使用手感也进行了反复研究。长1200毫米、宽135毫米的自然通风器在幕墙窗台内安装后与窗台融为一体。室外侧的风口则结合幕墙系统，隐藏在幕墙表面装饰线条的后侧，从而掩饰了风口的存在。考虑到使用手感，又在通风器两侧设置拉环方便维修，甚至连开关旋钮的松紧程度，都经过了一次又一次的测试。

长1200毫米、宽135毫米的自然通风器与窗台融为一体

暗含玄机的长短挑檐既美观，又保证了舒适的室内环境

三维钻石顶的点睛之笔

> 以三角形造型铝板为基本单元,
> 通过对不同形状、不同大小基本单元的有序拼接组合,形成如璀璨钻石般的特色形态吊顶。

呼应着一路之隔的商场连廊的造型吊顶,苏州中心精心设计了一片三维多面的钻石吊顶,将苏州中心8号、9号公寓连廊的入口由一个普通的市政道路通道打造成一个具有设计感的门廊,为建筑语言丰富的苏州中心又增加了一处点睛之笔。

这一特色吊顶造型,如同透过万花筒看到的美妙图案,通过对不同形状、不同大小的三角形铝板进行有序拼接组合,形成如璀璨钻石般的特色形态。看似简约的选型,实则在设计和施工上都精心设计。

第一,特殊的立体造型在前期设计时就完成每个点的精准空间定位,通过3D建模对整体造型以及板块大小和形状做了多轮分析,细化到每个板块的形状和角度,最终实现了整体比例协调的造型。

第二,吊顶中安装了通风设备,为了保证通风格栅不破坏整体吊顶效果,将格栅有规律地布置在处于侧面阴影处的三角形板块中,有效地隐藏了设备管线和无装饰的空间。

第三,为了保证吊顶的最终效果,对造型铝板的表面质感、板材平整度、拼缝做法、甚至打胶的深度和灯具的大小及安装位置都进行了严密精细的跟踪控制,特别是将原设计中3毫米厚的铝单板改为20毫米厚的蜂窝板材质,有效保证了钻石顶的整体平整度。

第四,为了做好现场施工中的安装定位,通过3D模型对整体造型以及板块大小和形状做了多轮分析,明确每个板块的安装角度和安装坐标。经过设计与施工前的精细考量,使得铝板安装平整度偏差小于2毫米,最终完美实现了棱角分明的钻石切割效果。

作为苏惠路通往苏州中心商业街区的重要门户之一,钻石吊顶不仅将8号、9号公寓连接在一起,展现出整体的气质感,又体现出细节的变化和简约美感,成为苏州中心一处独具魅力的亮点。

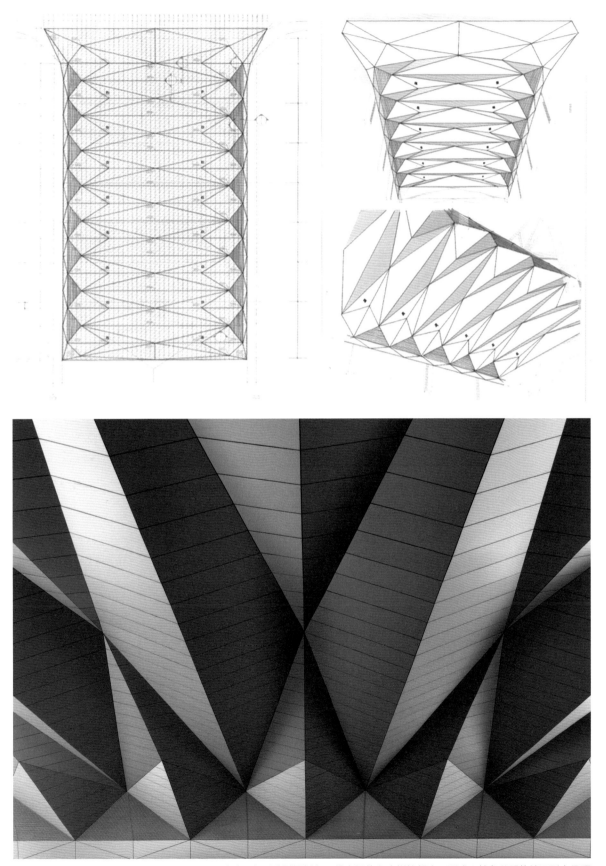

通过对三角形造型铝板在三维空间的有序拼接组合，形成了棱角分明的钻石形态吊顶

智造密码·探寻苏州中心
CONSTRUCTION QUESTIONING·建造追问

空中花园的设计与施工

Design and Construction of Aerial Garden

6万平方米的空中花园，像绿色的宝石项链镶嵌在苏州中心这座城市共生体中，成为苏州的都会花园，以"四季有花、四时有果"的设计概念，演绎了苏州传统生活的诗意美学。

但美丽的空中花园同时面临着总体面积大、景观多元、水景丰富等复杂的现实难题。因此，苏州中心从建筑设计、景观设计、施工组织等方面进行了全面考量和有效实施，成功实现了一座丰富的空中园林。

60000 平方米空中花园的设计巧思

如果说空中花园移步换景的景观设计效果考验的是设计水平和审美,
那退台型屋面的功能打造则考验了设计师及项目管理团队的技术经验和因地制宜的能力。

许愿池、跌水花园、紫藤廊架、樱花园……行走在苏州中心的空中花园,不仅可以将金鸡湖尽收眼底,延续苏州传统园林四季造景手法的宜人景观,也使人充分感受到游园的乐趣。殊不知,美景背后隐藏着许多设计巧思。

如果说空中花园移步换景的景观设计效果考验的是设计水平和审美,那退台型屋面的功能打造则考验了设计师及项目管理团队的技术经验和因地制宜的能力。同时保证这些景观下的室内空间在不同区域达到其相应的净高要求,每层退台在不同区域的降板高度、覆土厚度都有所不同,室外的排、防水方案和铺装做法相对其他项目也要复杂得多。

首先是设置排、防水系统。景观方案复杂的层层退台,每一层室外花园的地面楼板,就是下一层的室内顶板。楼板上,有来自每天植物浇灌和雨水冲刷的水体,如果产生任何的渗漏,都会直接影响下一楼层的使用,排水与防水显然成为空中花园设计与施工关注的核心。经过反复研究,苏州中心采取了快排强防的设计思路,结合实际效果、建造成本与施工难度,对种植屋面提出了一套多种措施相结合、颇具特点的排防水方案,既保证功能,达到效果,又节约成本!

要实现良好的防水,必须顺利地排水。

一方面,创新结合建筑排水及景观排水措施:适当加密虹吸雨水口;在楼板面满铺排水板形成全场汇水面;在硬地区域结合铺装形式和雨水口点位,按汇水区域合理设置缝隙式排水沟,并保证沟内雨水口的点位密度和数量满足需求;绿化区域通过自然渗水至排水板,汇集雨水至雨水口。

另一方面,考虑到商场室内外地面几乎平接,为防止雨水倒灌入室内,增设了两个排水措施:一是沿平台外墙根处加设缝隙式截水沟,通过排水支管连接平台外侧排水沟;二是在主要出入口区域设置大面积架空铺装,雨水可及时下渗。

其次是配合多种降板形式的铺装。由于景观设置的不同,在屋面的不同区域出现了300毫米、560毫米、760毫米及1200毫米等多种降板形式,需要进行不同的技术处理。在复核荷载需求、排水需求和降反梁情况后,铺装采用了三种做法:对于大于760毫米小于1200毫米的降板区,因种植乔木而荷载较大,铺装采用了砖墩架空做法,既经济又减轻楼面荷载,并非常有利于屋面排水;对于小于等于760毫米的降板区,在人流量较大的出入口区域,由于表面不覆土,荷载相对较小,采用精度高、误差小但造价相对较高的UPVC支撑器架空地面,面层直接采用上设假缝的石材或在金属搁架上铺设石材的方式,块材间不填缝,便于基部排水;在非出入口区域,考虑到覆土所增加的荷载,则采用了轻质混凝土回填作为基础的铺装做法。

最后是防水措施的落实。防水工程质量与设计方案、材料选择以及施工质量均有着密切的关系。6万平方米空中花园的防水施工,通过反复对比,按照以建筑防水为主,景观种植区增设耐根刺防水材料的思路,选择最为可靠的防水方案,统筹施工工序,严格落实施工标准,才最终保障了空中花园的完美效果。

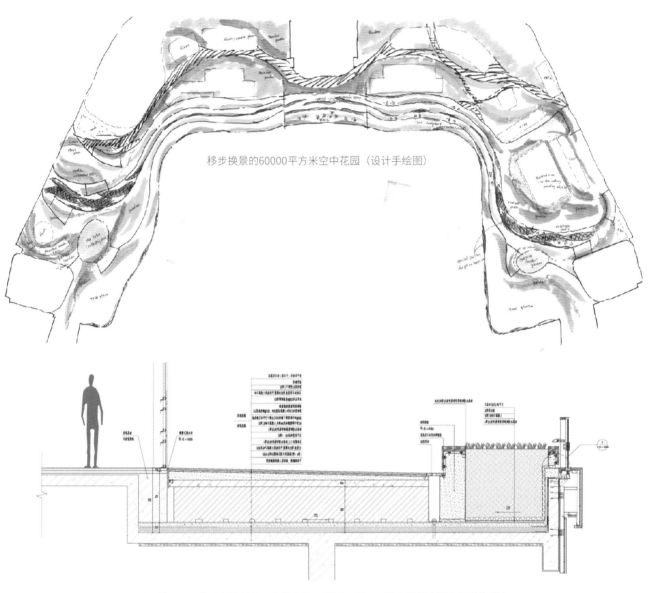

移步换景的60000平方米空中花园（设计手绘图）

小于等于760毫米的降板区，在非出入口区域，采用了轻质混凝土回填的铺装做法

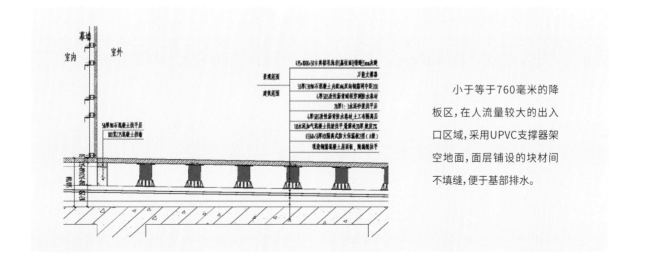

小于等于760毫米的降板区，在人流量较大的出入口区域，采用UPVC支撑器架空地面，面层铺设的块材间不填缝，便于基部排水。

苏州中心每隔 65 米左右设置一台吊机，完成材料的吊装

 **吨材料吊装，造就空中胜境**

苏州中心的空中花园，一石一树都经过了精心的构造和布局。
但要从设计图纸落实到施工，它还面临着许多"空中"的难题。

在中国传统园林中，造园是一个需要巧思构想的过程。苏州中心的空中花园，从三层至六层的花园景观各不相同，一石一树都经过了精心构造和布局。但要使效果图中层层退台上的绿树红花和叠石流水变为现实，它还面临着许多"空中"的难题。

"苏州中心10景"分布在各个楼层退台，退台面积巨大，单层退台最大面积达到11000平方米，整个退台南北向距离长达700米，六层高度超过45米。景观营造所需要的施工材料品类复杂，包括不同品种、规格的石材、种植土、砂石、花坛和苗木等上百种材料，重量超过2000吨。不同的造景材料或超重、或超高，既有散装的大量小型材料，也有需要保持造型的5米高的乔木。如何将其顺利运送到相应楼层的施工平台，极大地考验了工程统筹能力。

为兼顾垂直运输需求、安全管理、工程造价及施工周期等因素，工程管理团队将"未来之翼"钢结构吊装与空中花园造景材料吊运进行统筹安排，对塔吊造型及安装位置进行综合考虑，全面满足了各专业的吊装需要。结合空中花园超大、超高的场地情况，在三层退台和五层退台分别设置了材料转运平台，将塔吊无法覆盖区域的大量材料，通过小型转运设备来进行二次吊装转运，顺利克服了"空中"运输难题。经过了连续3个月的吊运作业，空中花园的造景材料终于全部到位。

"空中"运输热火朝天时，景观施工也在如火如荼地进行。由于退台建筑形式的特殊性，每一层退台既是各楼层的景观通道，又成为下一楼层的室内屋面，空中花园景观施工与"未来之翼"安装、商场室内装饰施工同步推进，并同步竣工验收，施工工序交错复杂。结合现场场地情况，综合考虑施工安全、材料运输情况、现场清理及成品保护等因素，空中花园与其他工序错层开展流水作业，优先完成商场三层景观施工后，直接跳至六层退台，然后由高楼层向低楼层逐步推进。通过施工工序统筹，既压缩了施工周期又保证了施工质量，顺利造就了苏州中心的"空中胜境"。

空中花园收尾期，绿树红花和叠石流水初具雏形

绿色纽带地景桥
The Landscape Bridge

"这是一片没有噪音、没有拥堵的地方，我们能听到鸟叫、蜂鸣、风吹过树梢的沙沙声及流水叮咚…….在这里，人们变得慵懒、凭栏远眺、遍览城市风景……"这段文字描述了伦敦泰晤士河上的花园桥的设计畅想，而未竟的伦敦花园桥之梦，却在苏州中心实现了。

连接金鸡湖景区和苏州中心的两座人行过街天桥，串联起香樟园、城市休闲生态公园与苏州中心建筑群，让生态公园的绿色蔓延到建筑群，使建筑和公园形成一个极具生命力的城市共生体。桥体设计以大树生长为概念，运用简约的曲线造型呈现强烈的雕塑感。桥上空间以"森林顶棚"为概念，在满足步行功能基础上，植入空中花园。行走其间，人们可以行、停、赏、闻，直至湖边。

通过2座地景桥，使绿色蔓延到建筑群，使商业融于自然

座伸向金鸡湖景的"绿色树枝"

回归"百鸟朝凤"的总体设计构想，为了串联起苏州中心建筑群和金鸡湖景区，
苏州中心在商场的南北两端分别架设了2座向金鸡湖畔延伸的"树枝"——地景桥。

清晨，阳光和氤氲水汽弥漫在金鸡湖畔。迎着湿润清新的春天，沿着湖畔一路走来，走进成片的香樟林，穿过长长的木制楼廊，沿着和缓的坡道一路向前。坡道两边灌木新绿，樱花盛放。不知不觉，已经驻足于苏州中心商场三层的花园平台上。

这条被绿意环绕的和缓坡道，就是苏州中心的跨街地景桥。

在原先的规划中，如果要从苏州中心步行到金鸡湖畔，就要穿越交通主干道星港街。汹涌的人潮不断穿过主干道，不但会延长行人的等候时间，还会严重影响路面交通。

"桐高自有凤来栖"，回归"百鸟朝凤"的总体设计构想，为了串联起苏州中心建筑群和金鸡湖景区，苏州中心在商场的南北两端分别架设了2座向金鸡湖畔延伸的"树枝"——地景桥。跨越星港街的2座地景桥，和苏州中心的退台共同构筑了一个绿色的空中步行花园。

要实现绿色的有机连接和无缝融合，需要考虑两条"树枝"从建筑"主干"的哪个高度伸出，既可以满足跨越市政道路的净高，又保证行驶路过的车流不受落柱影响。还要考虑"树枝"有几个分开的"枝桠"，每个"枝桠"分别通往何处，才能够让行人从容地进入金鸡湖景区的各个目的地。

经过反复测算、比对，苏州中心让两条"树枝"从商场三层退台伸出，在保障市政道路通行的同时，也使商场三层成为又一个"首层"，提升了商业价值。

此外，为了有效引导人流到达不同目的地，"枝桠"的数量和位置也经过了多次研究。北桥有3条"枝桠"，一条伸向香樟园北侧入口，一条伸向香樟园中心，另一条伸向城市广场及木构廊道。南桥设置2条"枝桠"，一条连向湖滨大道，一条伸向旅游枢纽游客中心。无论是北桥还是南桥，都设置了步行台阶、直梯、扶梯、无障碍电梯等多种方式。

站在2座地景桥上，行人可以移步换景，凭栏远眺。同时，通过2座地景桥，让绿色蔓延到建筑群，生态融入商业，使苏州中心成为一个极具生命力的城市共生体。

简约大方和轻盈灵动的桥身设计，契合着苏州这座新城面向未来的气质

米净跨的地景桥轻巧灵动

要使这2座庞然大物既能够顺利跨过星港街，
又能在复杂的立体交通空间中巧妙落柱，呈现整体轻盈、现代、简洁的美感，
还要满足种植的承重要求与排水要求，这一度被认为是不可能实现的。

从苏州中心高处的花园退台上眺望，可以看见绿意顺着南北两侧的地景桥自然地向金鸡湖畔延伸，桥身与绿意浑然天成。从星港街上行驶而来可见，拥有清水混凝土的简洁外形，配合倒锥形的支撑柱，像是一艘未来感十足的被轻盈托举在半空中的飞船。

2座地景桥长100米，最宽处38米，是由混凝土浇筑成的庞然大物。要使这2座庞然大物既能够顺利跨过星港街，又能在集市政道路、地下隧道、轨道交通、地下环路的复杂立体交通空间中巧妙落柱，呈现整体轻盈、现代、简洁的美感，还要满足种植的承重要求与排水要求，这一度被认为是不可能实现的。

在景观设计单位完成地景桥优美的形态设计后，苏州中心邀请美国工程院院士主持结构设计，经过数十次的实地勘察、现场讨论，从造型、跨度、落柱、景观种植四个方面入手，层层推进，逐步勾勒出跨街天桥的整体方案。

首先，为了让桥体看上去轻薄灵动，项目管理团队抛弃了四四方方的桥体常规外观，而选用流动的双曲面造型。桥体外轮廓截面被设计成圆弧形，使桥体在视觉上更为轻薄，而和缓的弧形坡度也可以让步行体验更加舒适自然。在垂直方向上，利用上大下小的收分柱，减少支撑结构在星港街上的占地。在材料上，选择了新型建筑材料清水混凝土，使桥身气质更加简洁现代。

其次，作为横跨城市主干道星港街的桥梁，桥墩落脚点恰好位于地面地下综合立交的交界处，如何在处于施工中的天桥、路面、匝道、隧道、轨道5层交通系统上巧妙落柱是一个难题。换句话说，地景桥在星港街一端的落脚点，必须在这5层立交空间中"见缝插针"。经过现场测量和反复验证，苏州中心项目管理团队合理布局落柱，使得2座地景桥的最大净跨达到了55米。

最后，作为景观桥，桥面上的植被也需要重点考虑。植被会生长，对桥体产生额外荷载，也给桥体带来了更高的防水要求。所以，在植被上，多选择形体饱满的灌木，加少量乔木作为点缀。通过结构计算，在合理区域的结构体里打开空腔，把桥体变成一个可以开孔的大花盆。

通过层层考量，2座被架设起来的地景桥连接起了城市中心和自然景观，简约大方和轻盈灵动的桥身完美契合迎向未来的城市气质。

完成 3 项挑战,两座地景桥浑然天成

作为全国首座三维异形刚构桥梁,苏州中心地景桥创新引进了BIM技术,

攻克了整体式钢模设计制作的难题,

并在三维异形钢筋下料和"C60自密实清水混凝土"浇筑技术上完成了超高难度的挑战。

相对于简洁有力的直线,曲线赋予建筑柔和、灵动的美感。作为国内首个三维异形刚构桥梁,这2座架设于金鸡湖畔和苏州中心之间的地景桥在作为绿色纽带的同时,以其异形的双曲面造型和简洁的清水混凝土质感,成为城市中心别具一格的超大型"建筑雕塑"。但是,要使2座三维异形桥梁实现蓝图中流畅灵动的身型,苏州中心项目管理团队却面临着很大的难题。

2座地景桥桥长约100米,北桥包括主桥1座、分支桥梁3座;南桥包括主桥1座、分支桥梁2座。墩柱共计26个,造型大致分为三种,分别为三维空间双曲面异形桥墩、等截面圆形墩和变截面圆形墩。其墩柱和箱梁采用高强度混凝土同步浇筑,线条简洁圆润,浑然一体。

造型独特的空间三维异形模板该如何设计、加工?又该如何下料、安装?高强度混凝土如何实现11.8%坡度的浇筑?作为全国首座三维异形刚构桥梁,苏州中心地景桥创新引进了BIM技术,攻克了整体式钢模设计制作的难题,并在三维异形钢筋下料和"C60自密实清水混凝土"浇筑技术上完成了超高难度的挑战。

首先,是整体式钢模的设计与制作。为达到浑然一体的清水饰面效果,设计要求采用8毫米钢板,且模板加工不能使用常规的"以直代曲"的制作方式。经过反复研究,最后通过提取BIM模型中钢模版的空间参数,进行1:1建模,从三维分解成二维,结合具体的曲面曲率及曲面预拱度进行有效分块,不仅可以尽可能地减少曲面分块数目,还可以以此控制模板拼缝的对称美观性及加工过程中拼缝的可调性,曲面板之间的接缝质量也可以大大优化,很好地保证了曲面的拟合度。下料期间,对曲面板进行二次弯曲,以达到基本双向弯曲,最后在具体焊接期间对其精确定位。为确保拼装精度,在生产过程中,模板的最大面法线误差不得大于2毫米,特别是天桥墩柱及天井等部位的异形钢模,在加工厂完成加工和预拼后,出厂前还需要用三维扫描仪对其进行"全身"扫描检查,经验收合格后方能出厂,运至现场进行正式拼装。

平整光滑、色泽均匀的清水混凝土装饰效果

曲线优美的三维异形地景桥

高强度混凝土浇筑11.8%坡度

作为全国首座三维异形刚构桥梁，苏州中心地景桥创新引进了BIM技术，攻克了整体式钢模设计制作的难题，并在三维异形钢筋下料和"C60自密实清水混凝土"浇筑技术上完成了超高难度的挑战

其次，是三维异型桥墩钢筋的加工与绑扎。作为自重荷载超大的桥梁，墩柱主筋最大直径达到40毫米，远远超出常规的25毫米规格，如此"粗壮"的钢筋绑扎而成的不规则桥墩"骨架"，在搭设时如何实现精准的空间定位？为更有效地降低空间三维异形桥墩钢筋的施工难度，提高钢筋加工精度尤为重要。如果采用传统的施工工艺，一是只能弯制二维平面钢筋，二是三维曲面钢筋需制作钢筋胎架方可进行施工，胎架制作完成后需人工反复对照胎架进行钢筋的试弯曲工作，耗费人力、物力和时间，且精度较低。苏州中心地景桥基于BIM建模，进行空间参数提取，然后用数控弯曲机把40毫米钢筋拧成所需弧度，让普通钢筋"变身"三维异形钢筋，快速、精准地构成了地景桥桥墩的"骨架"。

最后，是高强度混凝土的浇筑。站在地景桥下面，一根根曲线"圆润"的柱子、曲线优美的桥身和桥中间椭圆形的镂空天井让这座桥显得"与众不同"。为了使两座地景桥结构上能满足荷载，造型上又足够轻盈，施工上首次大面积采用抗压强度高、抗变形能力强、密度大、孔隙率低的C60高性能自密实混凝土一次性浇注成型，整个桥体外饰面浇筑面积达到10000多平方米。这种全新的建筑材料比普通混凝土高出4～6倍的高抗压强度，能有效减小建筑构件的截面，减轻结构自重，且具有高流动性、匀质性、稳定性的特点，和平整光滑、色泽均匀的清水混凝土表面装饰效果。可以说，C60自密实清水混凝土的应用，为两座地景桥实现轻盈大方的视觉效果提供了极大的可能性。

然而，新型材料的选择却给浇筑带来了难题。由苏州中心商场三层平台伸出的两座地景桥，桥面从地面三层向金鸡湖畔流畅过渡，最大坡度达到了11.8%。这就意味着，C60自密实混凝土的高流动性又变成了挑战，在重力的作用下，混凝土易于向低处流淌，造成浇筑表面发生变形。

为了保证混凝土便于摊铺，又能把流动性控制在一定范围内，混凝土的配比就显得至关重要。经过4个月的反复研究和坍落度试验，终于完成了对混凝土配置的优化，很好地解决了坡度浇筑与清水混凝土表观的矛盾。对于巨型混凝土的浇筑工艺，同时还要考虑水化热的问题——混凝土硬化时会不断产生热量，如果内外温差过大，热胀冷缩，甚至会引起混凝土炸裂。这就要求浇筑过程中严格控制分层，分批分次，逐步完成浇筑。

通过现代技术的应用和对施工过程精益求精的严格管控，使金鸡湖畔成功架设起2座曲线优美的三维异形地景桥。

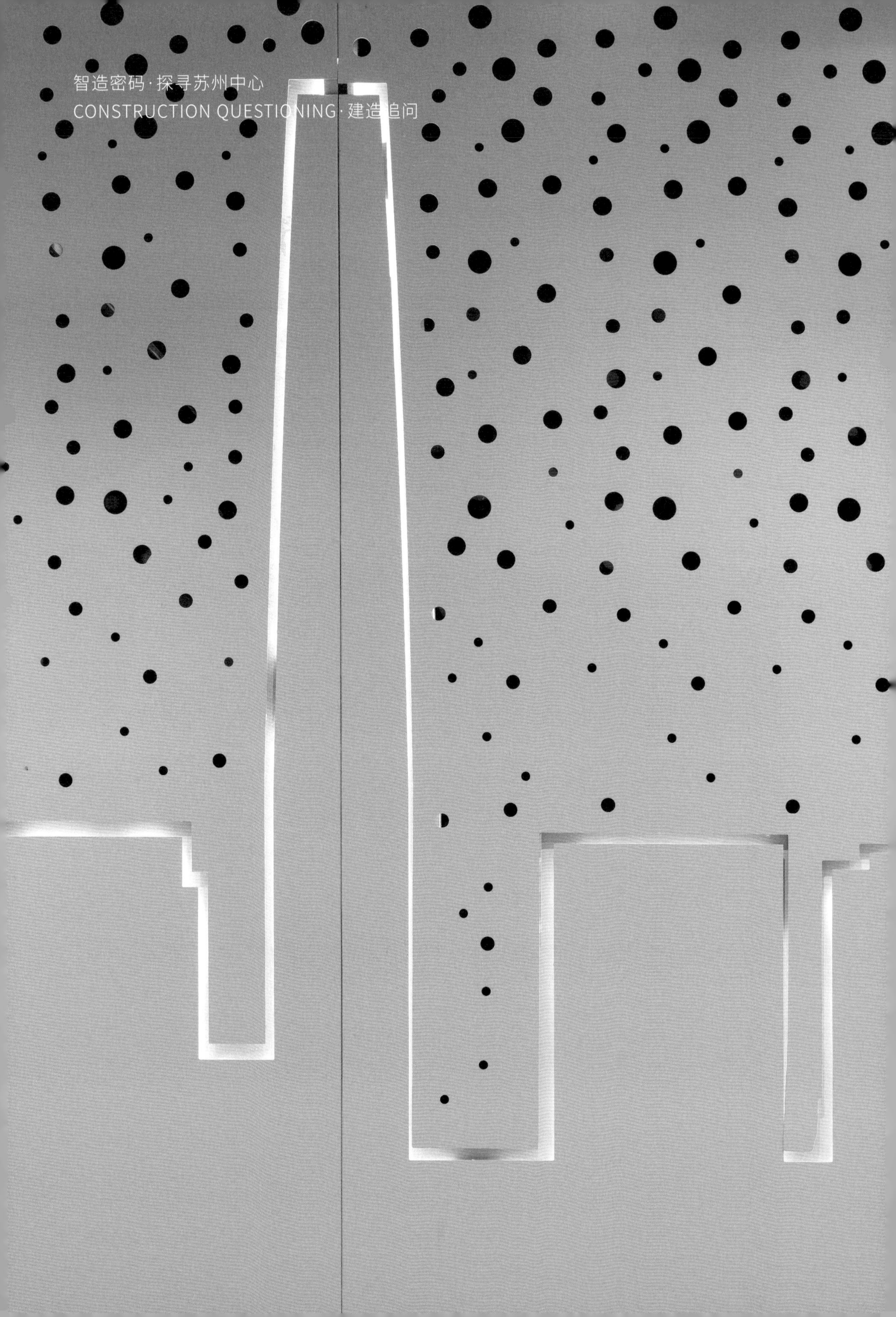

相门塘穿楼而过

Xiangmentang River Cross the Building

从星港街下穿,登上阶梯,就是一片层次错落,绿色植被交相掩映的滨水休憩平台。不远处的深灰色钻石桥,菱形的切面在阳光下反射出雕塑般的超现代气息。桥面下一条水系正静静流淌。逐水而行,就可以一直到达苏州中心商场。

这一条叫做相门塘的小河,实际上是一条具有城市泄洪功能的水道。作为从建筑中穿过的城市泄洪通道,它如何与建筑和谐相处?如何保持水道通畅、水质洁净还能兼顾交通动线和美观?

一条城市泄洪水道的 种形态

相门塘的改造必须满足两个条件：
一是城市水道的防洪功能不能断，二是城市地标的建筑形态也不能断。

苏州自古因水而秀，城市水网密布。相门塘作为东西向主要的城市水道之一，西起相门外城河，向东流入金鸡湖。东西向的相门塘恰好与城市中轴线平行穿过苏州中心项目地块。其中穿越区段从星阳街起始，截至星盛街，长达240米。

为了兼顾社会效益与经济效益，苏州中心项目管理团队面临着诸多考虑。相门塘作为具有城市泄洪功能的水道，优先需要保证的是"通"。所谓"通"，首先是水道通畅，不能被任何建筑物所阻隔，影响其泄洪功能；其次是人流通畅，不能因为水道的穿越，而影响商业动线；最后，还需要考虑滨水意象的流畅，商场如何与这穿越建筑的水道进行互动，打造与众不同的室外景观与室内装饰。

经过反复研究，改造后的相门塘分为四段：地块以西，相门塘维持水道原貌，西连相门外城河；地块穿越段，运用"长方体导管"将相门塘"包裹起来"，变成一条暗河，从苏州中心商场的地下一层穿过，在"长方体导管"上方，还铺设了一层深度约二三十厘米的室内水景，来延续水的意象；地块以东至星港街西侧，呼应建筑功能，将河道与周边景观打造成休闲步行平台；最东面，河道自星港街下方汇入金鸡湖，为了延续步行平台的人行动线，在河岸边打造了长约70米的星港街下穿人行通道，与金鸡湖滨景观紧密沟通。

苏州中心不仅通过科学措施，让相门塘从建筑中安然穿过，协助整座城市的水文系统有条不紊地运作，而且通过艺术的手法，将这条河道与建筑设计完美结合，自然地成为苏州中心景观设计及室内装饰设计的一部分。一条传统的河道由此迸发出崭新的生命力，更新了大众对滨河商业景观的认知。

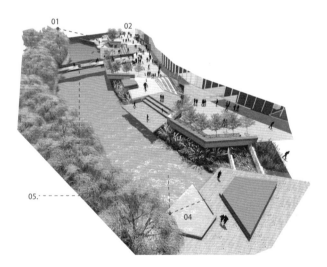

丰富的视觉层次
交织融合的水岸设计
实用的休憩和活动空间
共同构成相门塘滨水高端商业的特色

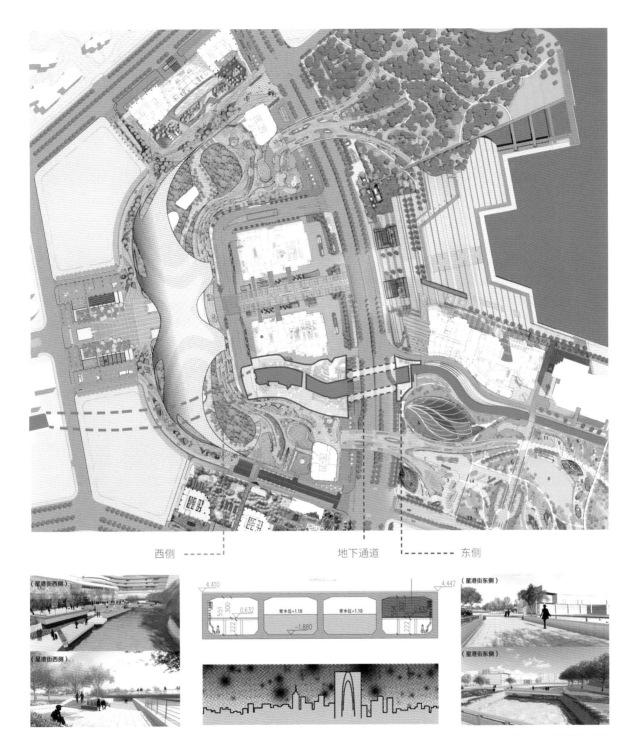

西侧 - - - - - - 地下通道 - - - - - - 东侧

（星港街西侧）

4.410   4.442

常水位+1.10   常水位+1.10

-1.880

（星港街东侧）

（星港街西侧）

（星港街东侧）

作为从商场中穿过的相门塘，防洪功能和建筑形态都要保持延续

大步骤保证一条河从建筑里安然穿过

要保证这样一段天然河流在庞大的建筑中穿过，需要考虑各种各样的问题。

苏州中心项目管理团队决心把相门塘的一部分变成一条暗河，从苏州中心商场这座庞大的建筑中穿过。要保证这样一段天然河流在封闭的空间中流过，需要考虑各种各样的问题。

首先，要考虑如何处理随水系带来的各种各样的固体杂物。作为暗河的相门塘容量不大，如同一条细长的玻璃瓶口，漂移物一旦大量沉淀或者漂浮，很容易造成堵塞。针对沉入河底的杂物，需要事先在暗河两端的下方做一道截泥坑，当水流进入相门塘的时候，马上将淤泥拦截下来。针对漂浮在水面上的垃圾，则在河道与地下室的顶盖之间预留出1.8米净高空间，可供小型打捞船通行，刚好满足打捞需求。这样不仅有效防止了堵塞，还在无形中拦截了排入金鸡湖的垃圾，起到了城市水网过滤器的作用。

其次，作为一条自然水系，水流会带来各种各样的微生物。时间一长，微生物会在暗河内部产生腐蚀。因此苏州中心在暗河内壁刷上了聚脲防水涂料。这种结合国内重点项目施工工艺要求研发的涂料，无溶剂、无污染、具有高反应型，在防水和抗腐蚀性能上具备非常大的优势，像一层上好的"保护衣"，保障暗河管道经年累月安然无恙。

最后，混合着杂质和微生物的暗河还容易产生沼气堆积。相门塘处于地下一层，一般在地下室天花板的顶部，建筑的梁格之间会形成一个凹槽空腔，密度比空气小的沼气将容易集中在这个空腔内，成为安全隐患。为了杜绝隐患，苏州中心设计相门塘的暗河断面时，把梁"翻了个身"。这样，朝向河道内部就变成了一个平面，从而避免了沼气的聚集。

向东汇入金鸡湖，水意向的延续

相门塘从建筑里安然穿过

苏州中心打破水面线性边界，将水环境与商业紧密连接

种手法实现水流意象呼应

要保证这样一段天然河流在庞大的建筑中穿过，需要考虑各种各样的问题。

从金鸡湖畔下穿星港街，沿着相门塘这条静静的水系前行，路过自然惬意的木质亲水平台，平台上水生植物台阶绿意葱茏。在城市中央，人们仍然可以畅享自然。要实现这一场逐水而行的闲庭信步，同时做好相门塘与商业的联结，景观打造就至关重要。苏州中心将东起星港街，西至星阳街的滨水景观分为三个部分进行设计，通过不同的手法，实现了水流意象的联结贯通。

首先，是星港街下宽8.4米、长70米的下穿人行通道部分。为了消除狭长地下空间的压抑感，提供一个明亮简洁的通行空间，在两侧墙面布置了"雕刻"着城市轮廓线的镂空金属板，通过下方设置的LED灯带，墙面在夜晚"上演"起一幕幕摩登的城市影像。

其次，是星港街西侧至苏州中心商场东侧的室外河段部分。考虑到这一段河道与商场仅"一步之遥"，苏州中心打破水面线性边界，将水环境与商业紧密连接。这一段设计了木质亲水平台、商业活动及休憩平台、水生植物台阶、汀步连桥……交织融合的水岸设计，实用的休憩和活动空间，共同将这片河岸打造为层次丰富的商业滨水景观。其中，沟通相门塘南北两岸的钻面隐形桥，为达到钻石切割面的三维立体效果，以5毫米厚的磨砂不锈钢板严格按照空间定位进行现场人工焊接，拼缝极其细致，桥体与环境浑然一体，成为滨水景观的点睛之笔。

最后，是相门塘"隐藏"在商场内部的"长方体导管"区段。在保证水流畅通的同时，考虑到与外部水系意象上的呼应，苏州中心在"导管"上方，设置了2个6平方米的水面薄池。行走在薄池中间，犹如行走在水上的汀步连桥。在"长方体导管"外侧立面，利用深灰色凹槽石材构筑了一面9平方米的室内水瀑布，瀑布上悬挂着来自新加坡艺术家Edwin Cheong的作品《龙门之游》，这件启发于中国传统"鲤鱼跳龙门"的艺术作品，由19只金属鲤鱼组成，利用制动机能可以迎着水瀑向上摇曳摆动的鲤鱼群，寓示着知难而进的决心和攻坚破难的魄力，给室内商业带来了勃勃生机。

下穿人行通道，在夜晚"上演"起一幕幕摩登的城市影像

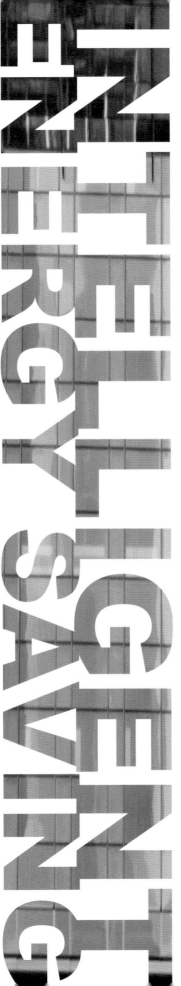

04

INTELLIGENT
ENERGY SAVING
智慧节能

集中能源中心DHC及共同管沟
DHC and Utility Tunnel

低碳节能
Low Carbon and Energy Saving

大物业管理
Facility Management

智造密码 探寻苏州中心
INTELLIGENT ENERGY SAVING · 智慧节能

集中能源中心DHC
及共同管沟
DHC and Utility Tunnel

一年365天,体量巨大的苏州中心要有条不紊地运转,无论是保持舒适的温度,还是维持各业态的服务,都需要消耗大量的能量。

"节能、减排"已是现代城市发展的重要责任目标之一。基于这样的背景,强调整体区域和能源循环的DHC系统成为了苏州中心的首选。利用1座集中能源站集中供冷供热,不但解决了项目整体的能源需求,更可以通过冰蓄冷等多能源方式的有效组合以及优秀的监测控制实现再节能,从而将苏州中心打造成一个绿色建筑的新样板。

集中能源中心DHC的减排量
相当于种了 2900 棵树

经测算,集中能源中心相比于传统能源供给模式,

每年能为苏州中心节约标煤2124吨,减排二氧化碳5294吨,相当于在地球上种了2900棵树。

酒店、办公、公寓、商业……作为一个113万平方米的超大型城市综合体,苏州中心每天的能源需求达到了48x10⁴kW·h(冷量)。不但如此,各业态分布在不同的区域,能源使用的时间段和出现的高峰期也不一样。比如,写字楼工作集中在白天,空调负荷高峰出现在下午两点左右;商场使用时段从早晨九点到晚上十点,高峰期出现在工作日晚上和周末的下午;W酒店则365天24小时使用……

基于不同业态对能源的个性化需求,从规划初期,苏州中心就确定要建立一座集中能源中心DHC,通过这座城市综合体的"大心脏",满足大体量、复杂化的能源供给。

作为苏州工业园区的绿色建筑新样板,集中能源中心DHC是苏州中心达到中国绿色建筑评价标准和美国LEED标准双认证的重要组成部分。在中国绿色建筑评价标准中,"节能与能源利用"是一项重要指标;在美国LEED建筑评价标准中,"高效的能源利用和可更新能源的利用"也是指标之一。

作为目前国内规模最大的城市综合体集中能源中心之一,苏州中心以冰蓄冷作为制冷主体,大幅降低了冷水机组

的容量,减少了冷媒的使用,减轻了对臭氧层的破坏。同时,通过电力的移峰填谷,也降低了用户的运行费用。

中国虽地大物博,但资源分布地域差异极大。随着城市化发展和消费增长,资源总量和人均资源量都严重不足,在资源再生利用率上也远低于发达国家。苏州中心建立集中能源中心,既很好地提高了能源利用率,也实现了绿色低碳的目标。经测算,集中能源中心相比于传统能源供给模式,每年能为苏州中心节约标煤2124吨,减排二氧化碳5294吨,相当于在地球上种了2900棵树。

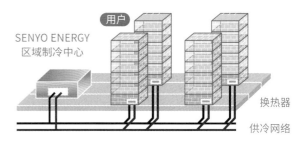

DHC集中能源供给模式

集中能源中心DHC就像苏州中心的"大心脏"，满足大体量、复杂化的能源需求

大配置，实现联合供冷

以冰蓄冷为系统中心，形成了一个由不同性能的设备相互配合运行的联合供冷有机整体，
总制冷量达到20000冷吨。

早在2013年，苏州工业园区就完成了能源结构的调整，通过2座天然气热电厂，为园区提供近40%的电力和80%以上的热能供应，成为国内清洁能源利用比例最高的国家级开发区。苏州中心利用热电厂发电产生的余热蒸汽供热，正是基于整个园区绿色能源的使用要求，既避免了采用锅炉供热其烟囱出口形成白雾对环境的影响，又规避了日常使用的锅炉设置在人员密集的商业综合体内带来的安全隐患。

热源可以利用余热蒸汽，那么冷源的提供，是不是也可以用热源来转换？苏州中心采用了"溴化锂机组+冰蓄冷+机载电制冷机组"的组合配置，以冰蓄冷为系统中心，形成了一个由不同性能的设备相互配合运行的联合供冷有机整体，总制冷量达到20000冷吨。

溴化锂机组先利用部分低品位蒸汽热量对常温水进行制冷，但蒸汽溴化锂机组出水温度一般为6摄氏度，还达不到能源中心5摄氏度的出水温度要求。这时候，就需要由冰蓄冷对溴化锂机组提供的冷冻水进行二级降温。

冰蓄冷技术的原理，是在夜间电网低谷时间，利用低价电制冰，将冰储存在蓄冰槽内，在白天用电高峰时融冰，与冷冻机组联合供冷，实现电力的"移峰填谷"。

为了保证足够的冷量，苏州中心为冰蓄冷系统配置了4台双工况离心式制冷机组，及蓄冰总量达到38000冷吨的超大蓄冰槽。每逢夜间电力低谷期，4台冷冻机就开始满载制冰，使蓄冰槽内存储冰量达到设计最大值。第二天早晨九点开始融冰，冰蓄冷系统按最大可能全负载释放冷量，这些冷量通过特殊的传导换热装置，转换成炎夏的习习凉风。

通过"溴化锂机组+冰蓄冷+机载电制冷机组"的组合方式，苏州中心实现了"一举多得"的效果——既实现了能源的多级充分利用，满足了大温差低温送水的目的，提高了供冷系统的品质及可靠性，同时也大大节约了运行成本。

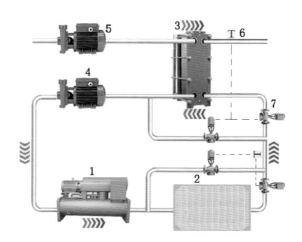

3大组合配置原理示意
1、双工况制冷主机　　　　5、冷冻水泵
2、蓄冰装置　　　　　　　6、温度传感器
3、供冷板式换热器　　　　7、电动调节阀
4、乙二醇泵

采用了"溴化锂机组＋冰蓄冷＋机载电制冷机组"组合配置的集中能源中心

合理安排集中能源中心各种设备，为苏州中心提供安全、可靠、稳定、高质量冷热源

能源集中建设管理，
每年节约 558 万元的运营成本

通过对各种设备进行合理安排，以及高效应用控制系统和能耗监测系统，使苏州中心在传统节能模式下再节能15%，将年运行成本再省下558万元。

致力于绿色智能科技运用，并达到了"国家绿色建筑科技示范工程"标准的苏州中心，所有建筑单体兼具国家绿色建筑二星设计标识及美国LEED双重认证。其中集中能源中心作为其绿色建筑样板的重要评价内容，在绿色与节能方面的亮点颇多。

比如，空调系统全部采用了智能化控制系统进行自动调节；在冷源提供上，采用了冰蓄冷技术，利用峰谷电差价降低运营费用；通过冷源机房内设置的换热器，在过渡季或冬季利用冷却塔免费置换冷冻水供区内使用；利用蒸汽冷凝水热量回收给生活热水加热，将多余的水冷却后供冷却塔补水，从而有效实现能源的多级利用，缓解能源压力并减少污染物排放……

除了以上"隐藏"在背后的便利与优势，通过集中能源中心的建立，还带来了城市形象、经济效益以及土地利用等多方面的提升。

首先，通过一个能源中心的集中布置，提升了城市形象。苏州中心没有分别在各栋楼顶大规模设置冷却塔、室外机等设备，而采用相对集中布置的方式，降低了设备产生的噪声、飘水影响的范围，也使第五立面更加干净整洁，释放的第五立面改造成6万平方米的空中花园，营造出更人性化的城市空间。

其次，通过能源中心机组的高效配置，使机房面积控制在8000平方米。若按每种业态采用相对独立的分散布置测算，总计需要10000平方米以上的机房，比现有机房用地面积增加30%左右，机组容量配置也将达现有配置容量的1.3倍。

集中能源中心监控系统

最后，通过集中配置，并交由专业化团队集中管理，日常运行费用和维修费用大大减少。能源中心对各种设备的运行进行合理安排，成功应用自控系统和能耗监测系统，帮助苏州中心再节能15%，为整个苏州中心提供了安全、可靠、稳定、高质量的冷热源。

经测算，通过集中能源中心的建设、控制、运营，相比于常规冷热源系统的配置，整个项目省下了2700万的建造成本，年运行费用也降低了至少558万。

800 米的能源大动脉

这条共同管沟就像一条大动脉，将电力、通信、供冷、供热、给排水等"毛细血管"全都包裹在其中。

苏州中心项目集多地块、多业态于一体，各类能源管线众多。这些"毛细血管"，给这座城市综合体传输各种持续运转所需的能源。但是，如何让众多"毛细血管"有效接入用能区域，并持续高效地供应，以下四方面是需要着重研究的课题。

其一，苏州中心业态复杂，能源的供给要满足不同业态的"各司其职"，尽量减小后期维护的互相干扰。其二，轨道交通1号线从地块正中穿过，集中能源站的设置使管线无论如何都必须跨轨道。其三，星洲街作为商业街呈扇形包围商场，后期管线的施工以及维护不能对这条主要的交通要道产生干扰。其四，能源管线和其他机电设备一样，要被"隐藏"起来，以确保地面景观的干净平整。

面对挑战，苏州中心结合国际化大都市的建设经验，放弃了将管线埋地敷设或在地下室顶部吊装的常规做法，而是在星洲街下方，为这些管线造了一条长800米、宽11米、高2.8米的小型隧道——共同管沟。这条共同管沟就像一条能源大动脉，将电力、通信、供冷、供热、给排水等"毛细血管"全都包裹在其中。整个苏州中心运行所需的能源，就通过这条"大动脉"源源不断地输送到各个业态。

共同管沟于十九世纪发源于欧洲，随着城市人口高度集中，城市公共空间用地矛盾开始凸显，共同管沟是有效解决这种矛盾的手段之一。近几年，中国在快速发展的进程中，共同管沟的建设也被有力推进。作为"地下城市管道综合走廊"，这条集合了各种管线的"能源大动脉"有着多方面的优势。

一方面，设有专门的检修口、吊装口和监测系统的共同管沟可以根据需要即时增减管线及进行维修和日常管理，从而保证能源的有效供给而不间断，也保证了上方的星洲街路面在运营期不会被"开膛破肚"。

另一方面，各种管线汇集于共同管沟内，布置紧凑合理，有效利用地下空间，节约用地，还空间于绿地与人。"隐藏"了的设备、管线、杆柱及各种管线的检查井等，不但增加了设备的耐久性，也使苏州中心地面景观更加干净而整洁。

在看不见的地下，"能量血液"就顺着这条能源大动脉，源源不断地流向苏州中心的每一个角落。

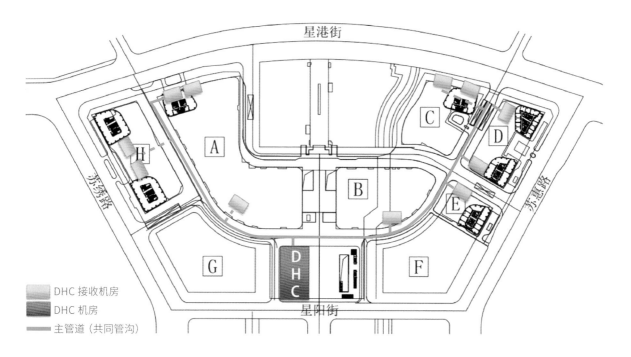

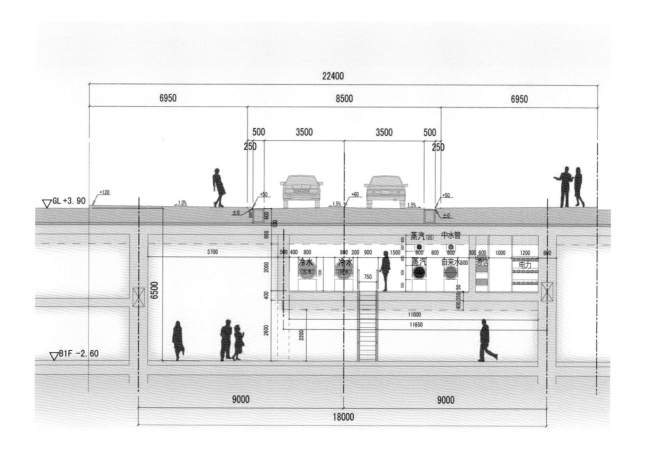

800米的共同管沟，像大动脉一样传输源源不断的能量

智造密码 · 探寻苏州中心
INTELLIGENT ENERGY SAVING · 智慧节能

低碳节能

Low Carbon and
Energy Saving

聚焦"综合功能业态""立体交通动态""空间创新形态""绿色宜居生态"的苏州中心项目，建设了一座集绿色、低碳、智慧、高效于一体的新型城市综合体。在这一过程中，发展低能耗建筑、实现绿色开发的理念贯穿始终。

通过节能围护结构保温体系、种植屋面保温技术、光伏发电系统、应急供电等一系列的应用，苏州中心实现了高效生态型发展模式的转变，实现了低碳绿色生态的可持续发展。

智造密码

EXPLORE THE CONSTRUCTION INTELLIGENCE OF SUZHOU CENTER PLAZA

80项节能技术树立绿色标杆

节地、节能、节水、节材,舒适环境的整体技术策划和设计,都在苏州中心"未雨绸缪"之列。

关注人和自然的和谐相处,早已成为现代城市持之以恒的追求。对于苏州中心这样一座毗邻金鸡湖5A级旅游景区的城市共生体来说,实现绿色低碳的可持续发展,是势在必行的选择。

从建设期到运营期,苏州中心都对绿色节能进行了系统性的实施和策划管控,不但实现了中国绿色建筑星级认证,还实现了美国能源与环境设计先锋(LEED)认证。其中,内圈(苏州中心商场及C/D座办公楼)获得中国绿色建筑二星级设计标识和美国LEED-CS金奖认证;外圈H地块(星悦汇及A/B座办公楼)获得中国绿色建筑二星级设计标识和美国LEED-CS认证级;外圈D、E地块(W酒店及公寓)获得中国绿色建筑二星级设计标识和美国LEED-NC认证级。

LEED认证由美国绿色建筑协会在1993年提出并建立,是目前世界各国各类建筑环保、绿色建筑评估中最完善和最有影响力的标准。LEED认证分认证级、银级、金级和白金级。获得LEED-CS金级认证,意味着苏州中心已经在绿色建筑领域达到国际领先水平。

在整个项目中,苏州中心系统性地集成了八大类近80项环保节能技术和措施,达到中国能耗标准下65%的高节能率,又获得中美"双认证",已成为中国绿色建筑特别是绿色城市综合体的标杆。

苏州中心对于绿色设计的考量体现在方方面面。节地、节能、节水、节材,舒适环境的整体技术策划和设计,都在"未雨绸缪"之列。在这些要求下,苏州中心引入了光伏发电、自然通风节能幕墙、集中能源供给站、能耗综合管理、雨水回收利用、长寿命的建筑设计等措施,在进行自然资源有效利用的同时,兼顾与自然环境的和谐,致力于绿色智能科技的运用,创新并引领现代生活,充分满足人性化需求。

苏州中心作为一个发展绿色建筑和低能耗建筑的成功范例,为建设行业由传统高消耗型发展模式向高效生态型发展模式转变,提供了一个优秀样本。

222/223

荣获多个权威奖项认证

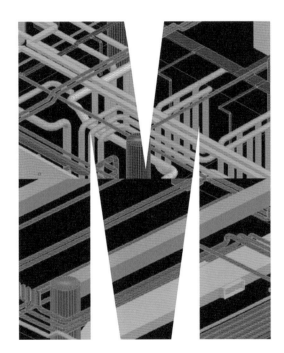

BIM全程助力,至少省下 1143 万元

仅在设计阶段,就为苏州中心发现并解决了1000多个问题点,有效避免了后续施工中的返工。

BIM技术,即Building Information Model——建筑信息模型,是通过整合建筑全生命周期的三维模型信息,帮助实现建筑信息的集成。BIM技术作为建筑工程行业的第二次革命,能解决信息共享的及时性、有效性、精确性问题,从而确保最终目标的实现。从项目建设之初,苏州中心项目团队就在设计、施工、运营全过程对BIM技术应用做出了规划。

在项目深化设计及施工图阶段,苏州中心引入BIM技术进行基础建模,包括建筑模型、结构模型、机电模型。和平面图纸相比,BIM能提供更直观真实的可视化视图及动画,使设计团队对建筑信息的理解更加明了而迅速,为不同专项设计团队提供了协同工作的基础。

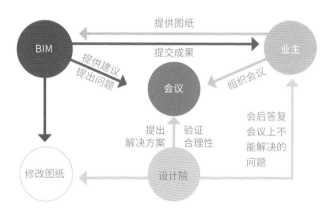

在综合模型的基础上,BIM的三维空间视角,可以使管道的走向和排布更加合理化,通过BIM优化,各区空间净高有效提高了10~40厘米不等。BIM技术也代替工作人员,进行实时的面积细分项及面积细分指标等精确数据的获取,为项目精细化管理提供了依据。

作为一个市场化的综合体,为契合风云变化的市场形势,部分专业设计往往需要不断调整,但"牵一发动全身",一旦进行局部调整难免会出现其他专项设计不匹配的情况:比如结构设计与建筑设计不匹配,机电管井、电梯管井与设备有碰撞……正是基于BIM技术可以清晰反馈各专业之间碰撞点的优势,仅在设计阶段,就为苏州中心发现并解决了1000多个问题点,有效避免了后续施工中的返工。

进入施工阶段,BIM从三个方面为苏州中心实现了降本增效:第一,通过对复杂工程可视化的模拟施工,提前发现施工工序间的碰撞,让工作人员及时调整,有效降低风险,避免施工浪费;第二,BIM技术准确将工程基础数据分解到构件级、材料级,让苏州中心实现对施工成本的有效控制;第三,通过工程数据的统筹管理,还实现了从施工现场到项目管理者的信息共享。

到了运营管理阶段,竣工后的各业态根据项目规划,在BIM的综合模型中进一步添加设备自控信息,然后交付给运营管理单位。所有管理信息一目了然,有效地提高管理便捷度。

BIM技术的应用涵盖了苏州中心项目整个建设运营周期。从短期来说,它使建筑工程更快、更省、更精确,大大提高了整个工程的质量和效率。结合苏州中心各项统计的数量估算,在采用BIM信息化技术后,累计解决5659个问题,减少了这些问题可能涉及的返工工期,节约成本1143万元。从更长远地来说,它将不断提供准确的信息,支持苏州中心未来更好地运作、维护和管理,进一步节约成本。

全方位节材，省下 5 亿元

通过设计优化、降低损耗、增加材料周转、提高废弃物回收和利用率等，各种覆盖全生命周期的节材措施，使苏州中心整个项目至少节约下5亿元。

在绿色建筑建造中，"节材"理念与策略发挥的作用是显而易见的：它从源头上避免了不必要的原料使用，大大节省了资源；它消化建筑废弃物，减少了能源消耗并降低环境污染。

苏州中心的"节材"理念贯穿了建筑全生命周期。

在设计阶段，苏州中心就从对降低资源消耗和减小环境影响两个角度出发，对每一轮的建筑方案开展分析优化，从结构体系优化中挖掘出节材潜力。以超高层塔楼为例，设计利用避难层，将梁适当加高来提高刚度，由此取消了伸臂桁架，不仅使结构得到了优化，还降低了造价。

项目整体采用高强度结构材料，如主钢筋的屈服强度选择HRB400级以上取值，分隔墙均采用轻型材质，以减轻结构自重，从而最大程度节约用材。土建装修一体化设计，也是设计阶段的重要指导思想。土建设计时同步考虑装修方案，在酒店、公寓以及办公商业的大堂、电梯厅、卫生间等公共区域完成精装修，租售部分完成吊顶、地板等基础装修，并统一安装灯具和空调末端，降低业主进驻后拆改的可能。

在建造过程中，"节材"主要体现在采取措施减少损耗上。例如，精装修工程正式施工前，必然经过图纸深化排版、现场实地放样、关键部位或节点预拼装等步骤，提前发现错漏碰缺，修正后下料施工，减少返工可能，减少施工损耗，仅正常施工损耗就比定额损耗量低1/5~1/4。

在管理上，"节材"的理念体现在制定完善的施工废弃物管理制度上。该制度将施工废弃物回收利用率提高到超过30%，其中地下施工和主体施工阶段高达99%，整个施工周期超过75%。尽可能地采用含有循环使用成分的材料，可再循环材料占比超过20%。

同时，项目优先采购800公里范围内的本地化材料，本地材料利用率大于70%，减少了材料在运输过程中带来的交通负荷以及产生的环境污染，降低了长距离的运输损耗和交通成本。通过设计优化、降低损耗、增加材料周转、提高废弃物回收和利用率等，各种覆盖全生命周期的节材措施，使苏州中心整个项目至少节约下5亿元。

4 个雨水蓄水池，实现供需平衡

苏州中心在地下集中设置了4个雨水蓄水池，共计700立方米，

由此，每年能有效收集雨水约35000立方米，实现了苏州中心场地内的杂用水供需平衡。

雨水是一种不可或缺的资源，是绿意盎然的生命之泉，如果不加以综合利用，不仅浪费了雨水资源，同时也破坏了城市水系统的循环性。因此，减少地表径流，利用"低影响开发雨水系统构建"吸水、蓄水、渗水、净水，需要时将蓄存的水释放并加以利用，实现雨水在城市中自由迁移，使得城市能够像海绵一样，在适应环境变化和应对雨水带来的自然灾害等方面具有良好的弹性，这就是"海绵城市"理念。

苏州市为降雨丰富地区，年平均降雨量为1094毫米，降雨时空分布不均，降水量在年际之间变化大，年内降雨又集中在夏季。由于降雨量大的月份与需水量大的时段相吻合，雨水成为了自然馈赠的礼物，需要被合理利用起来。

苏州中心每年物业管理的杂用水用水量约为31000吨。通过地块雨水总量平衡计算，苏州中心在地下集中设置了4个雨水蓄水池，共计700立方米，优先收集裙房屋面雨水，由此，每年能有效收集雨水约 35000立方米，实现了苏州中心场地内的杂用水供需平衡。

回收来的雨水汇入雨水处理机房，经过多级砂滤加紫外线消毒，水质达到《城市污水再生利用城市杂用水水质》（GB/T 18920—2002）标准的需求。经过净化处理后的雨水，被用于绿化浇灌、道路浇洒、车库冲洗和景观补水，仅这一雨水利用策略，每年苏州中心就能节约下31000吨自来水。

除了雨水再利用外，蒸汽凝结水降温后，也被回收利用于补充区域能源中心的冷却水。所有的洁具均选择用水效率等级为一级的高标准节水器具；室外设置高效节水的微喷灌和滴灌系统，系统通过雨天传感器或湿度传感器等实现自动控制，最大限度地降低灌溉用水量，为水资源的保护和合理利用带来了巨大的效益。

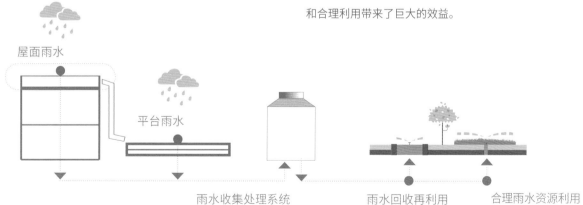

屋面雨水　　平台雨水　　雨水收集处理系统　　雨水回收再利用　　合理雨水资源利用

157台除油烟设备每小时为苏州中心带走720万风量的"烟火气"

两级处理，带走 720 万风量的"烟火气"

这种像"全身CT扫描"一样的方法，可以预测方圆几公里，
高度几百米的范围内任何一个位置的气流和水汽、污染物浓度分布。

苏州中心项目管理团队使用应用流体力学的方法，结合苏州中心本身的构造以及周围一些可能影响气流的因素，对方圆几公里，高度几百米范围内的气流和水汽、污染物浓度分布等进行"气流模拟"计算。

为了增强体验感，30万平方米的苏州中心商场内设置了品类繁多的各色餐饮，餐饮店铺数量接近200家。经测算，就餐高峰时段每小时需要排出的油烟量达720万立方米。如何让如此规模的厨房油烟顺利地排放到室外，既保证餐饮店铺的就餐环境，又使外排油烟完全满足环保要求？

传统的油烟处理方式是在前端厨房区设置初效金属油污过滤，在后端屋面上设置效率不低于90%的静电型油烟净化器。经过处理后，排放的油烟浓度一般可以小于2mg/m³，满足国家规定的环保要求。

但苏州中心在屋顶和退台设置了大面积的景观，设备区与游客近在咫尺，根据国内外大型商业项目的运行经验，为保证顾客的舒适度，上人屋面的油烟排放标准建议低于1mg/m³，这就对油烟排放提出了更高的要求。因此，苏州中心对厨房油烟采用了前后端两级加强处理的方案。在前端厨房区采用初效金属油污过滤器的基础上增加UV光解的方式，有效滤除大油滴和去除部分油烟异味，同时也避免含有大量油烟的空气在排风管道内因油污聚集而存在的火灾隐患；在后端屋面，采用了效率高达95%的静电除油设备。两重措施下，理论上已经可以达到上人屋面室外排放的标准。

然而，当苏州中心项目管理团队使用应用流体力学的方法，结合苏州中心本身的构造以及周围一些可能影响气流的因素，对方圆几公里，高度几百米范围内的气流和水汽、污染物浓度分布等进行"气流模拟"计算后发现，对于这

个庞大而复杂的项目，这些措施并不能完全达到预期的理想状态。

通常，室外屋面是建筑用来"呼吸"的地方，各类设备、排风口都汇集在屋面上。但蕴含着美好寓意的"未来之翼"，就像一个"口罩"，"兜住"了屋顶，经净化处理后排出的油烟受到"未来之翼"遮挡而二次聚集，造成上人屋面的油烟浓度仍然超标，到底如何彻底解决这一难题？

一定要让油烟处理得更加干净！项目管理团队经过反复研究，在后端的油烟处理设备上增设活性炭吸附装置，进一步滤除剩余的微小油雾颗粒并吸附油烟异味，同时将油烟机排风出口上方"未来之翼"的开孔率由50%提高到70%。经气流模拟再次复核，此时上人屋面油烟出口空气的残余油烟浓度已经降至0.4mg/m³，仅为国家允许排放浓度的20%。

在未来之翼遮挡下的157台油烟处理设备，每小时为苏州中心净化720万风量的"烟火气"，让苏州中心内外始终沉浸在清新怡人的空气中。

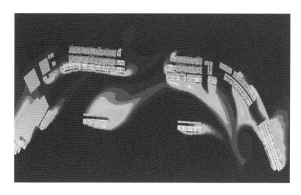

通过计算机软件进行气流模拟
苏州中心确认了周边的气流、水汽、污染物浓度分布

经过精心研究和排布的62台冷却塔

藏身于"未来之翼"下的 62 台冷却塔

集中布置在"未来之翼"之下的62台冷却塔节约了建设成本及运行能耗,释放了大量屋顶面积用于打造空中花园,但这种设置方案也有着不少顾虑。

集中布置在"未来之翼"之下的62台冷却塔节约了建设成本及运行能耗,释放了大量屋顶面积用于打造空中花园,但这种设置方案也有着不少顾虑。

苏州中心这样的"庞然大物",全年对空调的需求量巨大,特别是进入夏季高温天气,每天所消耗的冷量更是达到了$48 \times 10^4 kW \cdot h$。根据能量守恒定律,获得这么多的冷量必将有相应的热量排出到室外,这就需要在室外布置大规模的冷却塔将这些热量散到室外。

传统的方式是将冷却塔分散布置在各栋楼的裙房或塔楼屋面上。但冷却塔运行时存在一定程度的飘水、噪音,并且在冬季运行时由于冷热空气交会极易产生白雾,如果大量的冷却塔散落在景观退台的各个角落,势必严重影响整体景观屋面以及周边环境。

如何平衡美观和效用?苏州中心最终选择将冷却塔集中布置在苏州中心商场靠近中庭的顶层屋面。集中设置的优势显而易见。

首先,位于商场上方、面积达3.5万平方米的未来之翼可以完全遮挡住这些设备,其他所有的裙楼不必再单独设置冷却塔,极好地保证了第五立面的完整性。

其次,冷却塔设备区远离7栋塔楼,和景观屋面的交界处还设置了隔音挡墙,既避免了租户和游客从各个角度对设备的直视,又大大减少了冷却塔可能出现的飘水和噪音对其他区域的影响。

再次,冷却塔集中布置大大节约了建设投资和运行能耗。经反复测算,冷却塔集中布置后最终只需设置62台冷却塔,至少减少了30%的装机容量,释放出的大量屋顶面积可以用于打造空中花园。同时,由于苏州中心各业态对于空调制冷量的需求时段不同,通过错峰运行、容量互补,特别是过渡季及冬季还可利用冷却塔免费供冷,各业态冷热量通过冷却塔得以部分平衡,预计可以降低约20%的运行能耗。

虽然集中布置的62台冷却塔有着种种优势,但这种设置方案仍有不少顾虑:苏州中心的第五立面——"未来之翼",在有效遮盖设备的同时,是否会"兜住"冷却塔运行时排出的水汽,在未来之翼钢结构上产生结露?

项目团队将各项关键数值设置到边界条件——冷却塔出口风速为8m/s,冷却塔正上方区域的屋面采用穿孔率为50%的穿孔构造。实验结果表明,到了冬季冷却塔出风的露点温度高于周围环境温度,且由于排风不畅,果真存在结露的风险。

为此,苏州中心项目团队从以下两方面进行了调整:

一方面,冬季运行时适当增加冷却塔运行台数,增大冷却塔排风量的同时,减少散热空气和室外空气的温差,降低冷热交会形成白雾的风险;另一方面,为防止雾滴积聚在钢结构表面,将冷却塔排风口上方"未来之翼"的穿孔率增加至70%,使水汽的散出更为顺畅。

通过这样的精心研究和排布,藏身于"未来之翼"下的62台冷却塔既保证了第五立面的美观,又达到了苏州中心绿色生态的目标。

在苏州中心的A座、C座和D座塔楼楼顶，"铺满"了高效的单晶硅太阳能光伏组件

并网光伏发电,满足 130000 kW·h的能量自足

通过运用并网光伏发电系统,白天源源不断的太阳能被转换成电量,
使3幢办公楼的公共用电悄悄实现了自给自足。

在城市发展进程中,面临资源紧缺、能耗巨大等问题,太阳能作为"绿色能源"的代表,无疑相当于大自然的恩惠。当苏州中心这座城市综合体在蓬勃运转时,A座、C座和D座3幢办公塔楼就巧妙地运用了这种恩惠——在它们的楼顶,"铺满了"高效的单晶硅太阳能光伏组件。通过运用并网光伏发电系统,白天源源不断的太阳能被转换成电量,使3幢办公楼的公共用电悄悄实现了自给自足。

并网光伏发电系统由太阳组件、并网逆变器、数据系统和监控设备等组成,这种发电方式,可以将太阳能电池阵列所发出的直流电通过逆变器转变成交流电能输送到公用电网中,无需蓄电池进行储能,而且完全无污染。

虽然并网光伏发电系统有诸多优势,但要发挥效率最优配置,直接接收阳光并产生能量的太阳能电池阵列,要如何布置?

首先,要考虑太阳能电池阵列的朝向,当越接近正向赤道,电池就能获得最多太阳辐射能。研究发现,光伏组件安装方向应一致,朝向正南,有利于最大收集太阳辐射能。

其次,综合考虑屋面设备美观及效率,光伏电池板在屋面采用平铺的方式安装在钢结构顶部,四周设置有检修马道和冲洗龙头,便于定期冲洗清洁,保证最高的发电效率。

再次,太阳能电池组件之间的间距也是一大因素,根据电站功率、太阳高度角、太阳方位角等科学公式,通过精准的计算确定了方阵间的距离。

最后,要考虑到光伏组件串联数量。逆变器在并网发电时,光伏阵列必须实现最大功率点跟踪控制,以便光伏阵列在当前日照下不断获得最大功率输出。

经过全面考量,仔细研究以及精确的计算,最终,苏州中心采用了发电量130kWp共620块单块功率210Wp的光伏组件,每16块光伏组件串联的并网光伏发电系统。并网光伏发电系统并网逆变器将光伏所发的直流电经过并网逆变器,变成与建筑内电网同频率同相位的交流电,汇入办公楼的低压配电网。

通过并网光伏发电系统,苏州中心就近解决了一部分用电需求,据测算,年节约电量至少130MW·h,相当于节约标煤50.7吨,减少粉尘34.6吨,减排二氧化碳126吨。

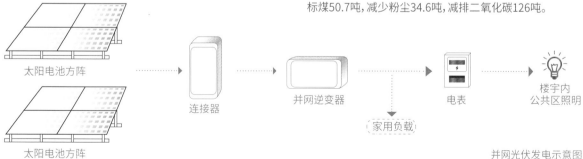

太阳电池方阵　　连接器　　并网逆变器　　家用负载　　电表　　楼宇内公共区照明

太阳电池方阵

并网光伏发电示意图

3台2000kW/ 10kV机组，安全保障应急供电

苏州中心还有一个电能应急系统，确保这座庞大的城市综合体一年365天从不断电。

对于像苏州中心这样一座24小时运转的超大型城市综合体，每天的用电量达到了600000kW·h，如果供电出现问题，带来的影响不可估量。所以，苏州中心还有一套电能应急系统，确保一年365天从不断电。

经过研究，由3台2000kW/10kV的备用发电机机组、专变电力监控系统以及应急指挥中心组成的有机系统，从监控、调度到应对，为苏州中心的电力提供一个持续、稳定和可靠的保障。

一旦每处专变二路市电均断电时，专变电力监控系统就会监测到市电20kV主开关及0.4kV主开关的失压信号，立即启动3台备用发电机组，发电机送电至相应断电区域的专用应急变压器，即刻重续区域运转，整个过程不超过30秒。

同时，专变电力监控系统根据断电时的应急预案，设置了消防及保障负荷投切的软件模块。当发生断电时，变电所值班人员确认无误并得到应急指挥中心允许后，手动投切应急变10kV主开关，控制消防及保障负荷回路的开断，以确保用电安全。

3台备用发电机机组的后备时间达到3小时，可以产生6000kW·h的电量，装机容量完全可满足任何一个供电网格断电情况下的应急负荷。若停电范围过大，应急预案优先保证各地块一级负荷的投入，有条件的选择二级负荷的投入。为保证发电机正常运行，应急指挥中心可远程切除部分负荷。

通过这个备用发电系统的统一调度和监测，保证苏州中心24小时安全、放心、持续地运转。

苏州中心电能应急系统，保障365天不断电

智造密码·探寻苏州中心
INTELLIGENT ENERGY SAVING·智慧节能

大物业管理
Facility Management

苏州中心作为一个总建筑面积约为113万平方米的超大型城市综合体,业态多样,物业管理主体涉及2家商业运营公司、1家酒店管理公司、2家写字楼物业公司和1家公寓物业公司以及市政物业共计7家单位。除各业态管辖区域外,还共享大量公用消防、能源设备和地下通道、市政道路广场等,管理界面交错复杂,对整体物业管理协同提出了巨大的挑战。

项目团队从建设阶段同步着手研究整体管理模式和管理界面划分,导入先进的设施管理理念,创新以大物业管理(Facility Management, FM)模式统筹协调区域内不同管理单位,并根据项目特性自主研发了物联网(Interment of Things, IOT)综合治理平台"心云系统"作为管理技术手段,实现了共建共享、共管共治,建立起高效的超大型城市综合体管理模式。

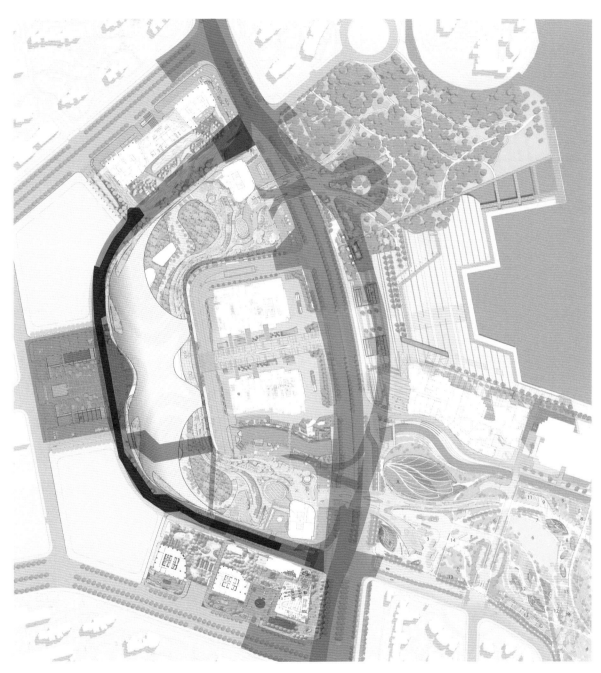

■ 星州街地面区域　　■ 星盛街、世纪广场地面区域　　■ 相门塘区域　　■ 地下共同管沟

■ 地下公共环道、坡道、星港街隧道联络道部分

家单位统分管理，实现城市共生

在各业态物业管理单位"各司其职"的同时，还有26万平方米的公共区域，需要统一管理。

清晨，商场尚未开放，由轨道交通带来的人流已经活跃起来，通过明亮宽敞的地下广场分散至苏州中心及周边区域；白天，工作、访友、游玩的人流，在商场、写字楼穿梭；夜幕降临，酒店的潮人们陆续登场……365天，24小时，酒店、公寓、办公、商场，不同业态按照各自的"作息时间"有条不紊地运转着。

在顺利运转的背后，苏州中心的物业管理却面临着非常复杂的情况。

从外部联系来看，苏州中心在金鸡湖西约9平方公里大交通区域内具有最大的吸发量，直接对接2条轨交线，拥有21个与市政道路相通的出入口和联络道，并纳入在市政、城管、交通、公安等城市级、区域级及项目内部多重管理体系之中。

同时，苏州中心商业面积达到35万平方米，日均人流量15万~25万，高峰流量达到50余万。与之连接的湖滨喷泉、东方之门、世纪广场，以及待建的2栋超高层，也为区域带来日常及高峰期超高人流。此上种种，疏散、反恐等安全因素势必成为考虑重点。

从区域内部看，除了要面对地上4栋办公楼、1栋有400余套客房和服务式公寓的W酒店、35万平方米的2座商场、1200多户的2栋公寓，共计69万平方米超大体量的物业管理，还有26万平方米的公共区域需要统一管理。公共区域包含1万平方米的世纪广场及地面市政路；3万平方米的市政绿地；2条总长约1.6公里，面积共4.3万平方米的地下环道；可以容纳4433辆机动车，设置了29个出入口、58套闸机的巨型车库；1座2万冷吨的DHC集中能源中心及17个功能机房和接收机房；长度800米、面积达1.2万平方米的共同管沟；一体化设计的消防系统……

管理单位既要把地面地下各区域的场所和设备系统理顺明确归属，合理纳入各业态的管控范围，同时又要避免多运营主体、多管理系统带来的信息反馈迟缓、责任不明、管理界限不清、应对不充分不及时的问题。

为此，苏州中心采用了大物业管理模式，由业主承担起"大家长"的角色。早在开发建设期，大物业团队即从运营管理角度深度参与确定设备系统配置、设计方案优化，及施工现场质量检查。进入运营期，采用"统分模式"，负责区域内7家单位的协调和监管，并负责消防、治安、信息化、停车场、能源中心、公共区域等共享区域与设施的统一管理。同时，对外协调公安、城管、市政物业等政府及公用配套部门，通过高效有序的管理机制，实现共管共治。

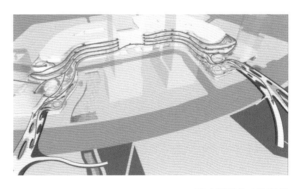

空中花园的人流动线

多达 20000 个神经末梢的AI（人工智能）大脑

通过这颗"智慧大脑"的密切关注，苏州中心实现了对辖区内所有设备进行全面有效的监控和管理。

要管好边界交叉"模糊"且"末端"错综复杂的有机体，不仅仅需要先进的管理理念，还必须依靠强大的监测管控信息化手段。在苏州中心背后，有一个我们看不见的"智慧大脑"，正时刻关注和保障着这座城市综合体的运行。

为实现高效的共管共治，苏州中心自主研发了物联网管控平台——"心云"系统。"心云"系统以建设城市综合体总控中心为目标，以项目智能化建设为基础，统一管理全区域智能化应用，实现智能化核心枢纽平台运营，有效促进和保障苏州中心智能化应用的关联性和统一性。同时"心云"系统与政府政务网进行实时互联，苏州中心每天产生的海量数据通过政务网专线传输给园区大数据中心，同时大数据中心将周边的交通、轨道交通、市政管理等信息也实时反哺给"心云"系统，用于辅助商业运营和现场管理，大大提升了苏州中心的综合治理能力。

如果将物联网系统比作人体，那么，物联网的感知层就相当于人的感官。当我们利用嗅觉、听觉、视觉、触觉来感知外界的信息时，信息经由神经系统传至神经中枢，并由神经中枢进行分析判断和处理，神经中枢做出决策之后，会传达反馈命令指导工作人员的行为。

"心云"系统正是通过这样的模拟，连接现场20000余个传感器和监测设备，将整个建筑群的"听觉"（音频采集器）、"视觉"（治安视频监控、车位监控）、"感觉"（空气、水、温度等传感器）、"运动系统"（消防、电梯等各类设备）的数据集成在一起，将停车场管理系统、客流系统、车流统计、视频系统、电梯监控、楼宇自控、消防设施和能源管理等多项智能设备系统的控制管理统一集成到同一个管理界面上，将环境、客流、机电设备、停车场、电梯、消防等传感器数据都转换到可视化界面下，全面有效地对辖区内所有感知设备系统进行监控和管理，从而大大减少了运营能耗和沟通成本，极大地提升了运营和管理品质。

"智慧大脑"指导下的交通管理。"心云"系统不仅可以实时监控44万平方米地下空间中停车场各个区域的车流行驶状况及车位占用情况，而且建立了交通预测分析模型，通过与外部大交通信息的交换，可以预测出未来40分钟之内的车流量，准确度高达98%，同时通过停车诱导系统引导行车，至少提升停车场8%的使用效率。

"心云"系统集成了苏州中心整体项目智能化应用

"智慧大脑"指导下的设备设施管理及能源管理。"心云"系统分区域、分楼层监测着所有电梯及其他设施设备的运行状况和能耗数据，实时记录设备运行、故障与能耗的变化趋势、关键拐点和异常特征，并通过对比分析，对提升设施设备运行效率，降低能耗和集中能源管理模式优化提供有效参考。

"智慧大脑"指导下的安全管理。当整个项目26846个前端探测器中的任何一个，检测到烟雾过浓或温度过高警报时，"心云"系统就会第一时间接收到声光报警信息，及时掌握报警及联动情况，并作为现场指挥中心，有效协调现场消防行动及多业态的互动支援。同时，借助6000余个视频采集器，通过治安视频、交通、客流等全口径数据的交换，将苏州中心的安全管理系统纳入苏州工业园区的警务大脑体系中，从而提高人员密集场所的安全管理等级。

"智慧大脑"指导下的运营管理。"心云"系统对往来的客流及消费行为特征进行分析，能为招商工作、营销活动、物业管理提供数据支持；同时，"心云"系统对交通、电梯、设备、空气质量等的监控管理，大大提高了消费者的舒适度。

利用高科技的信息技术，将整个城市综合体的智能化系统打通、集成，以提升资源利用的效率，优化城市综合体管理和服务，做到"随需应变"，这就是苏州中心智慧管理的愿景。

<table>
<tr><td colspan="2">

苏州中心大事记

</td><td colspan="2"></td></tr>
</table>

苏州中心大事记

2010

4月17日	苏州工业园区湖西 CBD 世纪广场 整体开发项目指挥部成立
9月01日	苏州工业园区金鸡湖城市发展有限公司成立
9月28日	项目总体定位策划方案确定

2011

10月24日	公司与新加坡凯德集团就合资合作开发 苏州中心内圈商业项目正式签约
11月28日	苏州晶汇置业有限公司成立
12月12日	项目总体规划及概念设计方案确定

2012

5月20日	项目正式全面开工建设
12月21日	项目桩基工程完工

2013

2月01日	苏州城泰商业物业管理有限公司成立
3月06日	喜达屋集团（现万豪集团）旗下 W酒店正式签约入驻苏州中心
4月28日	项目塔楼基坑围护工程结束
5月08日	苏州中心广场空间综合利用项目 银团贷款正式签约
5月21日	项目土建施工总承包单位正式签约
8月10日	项目购物中心基坑围护工程结束

2014

3月12日	项目塔楼主体工程全部到达正负零
4月09日	苏州中心项目指挥部设立
8月23日	项目购物中心主体工程到达正负零

2015

2月02日　内圈商业银团贷款正式签约

2月02日　"苏州中心"项目品牌正式发布

5月27日　项目七栋塔楼全部实现主体工程结构封顶

8月20日　项目主体工程结构整体封顶

9月27日　项目公寓产品——苏州中心 8 号认筹

10月27日　苏州恒泰控股集团有限公司成立

2016

9月26日　项目塔楼幕墙工程完工

12月30日　"未来之翼"幕墙工程完工

2017

3月26日　项目外圈通过消防验收

5月31日　项目内圈通过消防验收

6月02日　项目外圈通过竣工验收备案

6月25日　苏州中心8号交付

7月12日　项目内圈通过竣工验收备案

8月01日　办公楼首批租户交付

8月20日　星港街隧道正式通车

9月27日　W 酒店正式开业

11月11日　苏州中心整体开业

苏州中心荣誉录

2014

12月	中国建筑业协会第四批全国建筑业绿色施工示范工程

2015

2月	江苏省建筑施工标准化文明示范工地
4月	江苏省工人先锋号
8月	赢商网"2015年中国商业地产新地标奖"
8月	LP地标"最佳CBD公寓"
9月	中购联"中国购物中心行业2015年度（绿色）设计创新奖"
10月	江苏省住建厅二星级绿色建筑设计标识
12月	Best Chinese Futura Mega Project "最佳中国未来发展大型项目"金奖

2016

5月	第五届中国购物中心发展论坛"中国最受期待商业综合体大奖"
9月	中指院"2016中国商业地产项目 品牌价值TOP10"
9月	中购联"中国购物中心行业2016年度商业规划创新大奖"
9月	中国区零售建筑项目高度推荐奖

2017

4月	赢商网 金坐标-年度备受期待商业地产项目
5月	地产设计大奖 2017地产设计大奖 中国"方案类项目"优秀奖
9月	2017中国商业地产项目品牌价值TOP10
12月	中国建筑工程钢结构金奖

2018

1月	2017苏州十大民心工程
2月	苏州2017年度人气商业体大奖
3月	2018法国MIPIM 戛纳国际地产节 "最佳购物中心"称号
3月	美国绿色建筑LEED-CS LEED绿色建筑认证（H地块）
3月	中国东区及东北区最佳城市酒店（苏州W酒店）
4月	美国绿色建筑LEED-CS金级认证（A、B、C地块）
7月	中指院" 2018年中国商业地产标杆项目"
11月	商旅Business Traveller China "最佳商务酒店"（苏州W酒店）
12月	苏州卓越MICE酒店奖（苏州W酒店）
11月	城市旅游City Traveler "最佳设计酒店奖"（苏州W酒店）
11月	2018年CCFA"金百合购物中心最佳设计奖"
11月	MAPIC "2018 BEST NEW SHOPPING CENTRE 最佳新开购物中心"
12月	2017—2018年度中国建筑学会建筑设计奖建筑幕墙专业奖二等奖
12月	江苏省住建厅2018年度江苏省优秀工程勘察设计行业奖建筑结构专业一等奖
12月	江苏省住建厅2018年度江苏省优秀工程勘察设计行业奖建筑电气专业一等奖
12月	江苏省住建厅2018年度省城乡建设系统优秀勘察设计二等奖
12月	江苏省勘察设计协会2018年度江苏省优秀工程勘察设计行业奖建筑环境与设备专业三等奖
12月	江苏省勘察设计协会2018年度江苏省优秀工程勘察设计行业奖建筑智能化工程专业三等奖
12月	2018年度苏州市城乡建设系统优秀勘察设计（建筑工程设计）一等奖
12月	江苏省住建厅2018年度苏州市城乡建设系统优秀勘察设计（建筑工程设计）二等奖

2019

1月	Booking.com "Guest Review Awards 2018"（苏州W酒店）
1月	Gusu.com "2018年度精选婚礼酒店"（苏州W酒店）
2月	旅游天地Travelling Scope "最佳城市地标酒店"（苏州W酒店）
3月	美陈网 "2019年金灯奖卓越品质奖"
3月	TTG CHINA "中国华东地区最佳城市酒店"（苏州W酒店）
3月	时尚先锋大赏 "时尚商业体长三角特别推荐奖"
3月	2018—2019 盛宴·中国餐厅评选 "年度最佳西餐厅"（苏州W酒店）
4月	KOL公信力 "2019年最佳城市酒店"（苏州W酒店）
4月	2019中国商业地产行业发展论坛 "中国优秀商业建筑设计奖"
4月	地产设计大奖 "商业地产项目" 优秀奖
6月	全球商业地产中国大会 "中国最具贡献城市综合体"
7月	WAF世界建筑节入围 "2019年度世界建筑节商业综合类"
7月	2019中国商业地产指数发布会 "中国商业地产标杆项目"
7月	苏州风景园林工程设计一等奖
7月	2019风尚生活大赏 "年度品质服务酒店"（苏州W酒店）
8月	城市风尚大赏 "年度度假目的地酒店"（苏州W酒店）
8月	江苏省勘察设计行业协会绿色建筑专业二等奖
8月	江苏省勘察设计行业协会建筑结构专业一等奖
8月	江苏省勘察设计行业协会建筑环境与设备专业二等奖
8月	江苏省勘察设计行业协会建筑智能化工程一等奖
8月	江苏省勘察设计行业协会建筑电气专业二等奖
8月	江苏省勘察设计行业协会水系统专业一等奖
8月	江苏省勘察设计行业协会人防工程一等奖
8月	TripAdvisor猫途鹰 "WOOBAR苏州W酒店 - 2019猫途鹰卓越奖"
8月	Hospitality Awards "年度商旅酒店"（苏州W酒店）
10月	City Traveler Awards "2019年度最佳设计酒店奖"（苏州W酒店）
11月	Haute Grandeur Global Hotel Awards " 2019亚洲最美景观水疗中心"（苏州W酒店）
11月	Haute Grandeur Global Hotel Awards "2019中国最佳Mice酒店"（苏州W酒店）
11月	Hotel Awards Suzhou 2019 名城苏州 "时尚先锋酒店"（苏州W酒店）
11月	2019携程 "酒店口碑榜最受欢迎酒店"（苏州W酒店）
12月	江苏省住建厅2019年度苏州市城乡建设系统优秀勘查设计评选风景园林工程设计一等奖
12月	江苏省住建厅2019年度苏州市城乡建设系统优秀勘察设计（装饰工程设计）二等奖
12月	江苏省住建厅2018年度省第十八届优秀工程设计二等奖
12月	2019运营管理最佳实践奖
12月	2018—2019年度中国建设工程鲁班奖
12月	2018—2019年度国家优质工程奖

总 指 挥	苏州中心项目指挥部	
建 设 单 位	苏州恒泰控股集团有限公司	
	凯德集团	
策 划 单 位	DTZ	CBRE
	Savills	上海世联房地产顾问有限公司
	Horwath HTL	
设计咨询单位	Nikken	QU ART
	Benoy	HAA
	SWA	Secure Parking
	AECOM	IHD
	Arup	中衡设计集团股份有限公司
	SBP	启迪设计集团股份有限公司
	TT	中船第九设计研究院工程有限公司
	LERA	上海市政工程设计研究总院有限公司
	Schmidlin	上海市城市综合交通规划研究所
	Aurecon	苏州合展设计营造股份有限公司
	PBET	悉地（苏州）勘察设计顾问有限公司
	Giolong	苏州和氏设计营造股份有限公司
	Gensler	浙江绿城东方设计股份有限公司
	Rockwell Group	苏州建筑装饰设计研究院有限公司
	AB Concept	苏州第一建筑集团有限公司
	Nemaworkshop	浙江绿城联合设计有限公司
	CKP	北京雅思迈建筑咨询有限公司
	LPA	沈麦韦（上海）商务咨询有限公司
	TSC	四川法斯特消防安全性能评估有限公司
	BPI	上海市建筑科学研究院（集团）有限公司
	Graphia	江苏苏州地质工程勘察院
	Corlette Design	

| 监 理 单 位 | 上海建科工程咨询有限公司 |
| | 上海市建设工程监理咨询有限公司 |

施 工 单 位	中建三局集团有限公司	浙江亚厦装饰股份有限公司
	中亿丰建设集团股份有限公司	深圳市洪涛装饰股份有限公司
	中国建筑第八工程局有限公司	上海蓝天房屋装饰工程有限公司
	中国建筑第二工程局有限公司	北京承达创建装饰工程有限公司
	苏州建设（集团）有限责任公司	深圳市深装总装饰工程工业有限公司
	苏州市中坚基础工程有限责任公司	苏州金鼎建筑装饰工程有限公司
	江苏沪宁钢机股份有限公司	深圳市卓艺装饰设计工程有限公司
	沈阳远大铝业工程有限公司	苏州市华丽美登装饰装璜有限公司
	苏州柯利达装饰股份有限公司	苏州国发国际建筑装饰工程有限公司
	苏州金螳螂幕墙有限公司	苏州园林发展股份有限公司
	江河创建集团股份有限公司	苏州天园景观艺术工程有限公司
	深圳市方大建科集团有限公司	苏州工业园区园林绿化工程有限公司
	上海市安装工程集团有限公司	苏州正源园林发展有限公司
	中建安装工程有限公司	苏州市政园林工程集团有限公司
	中建一局集团安装工程有限公司	
	江苏宜安建设有限公司	
	杭州华电华源环境工程有限公司	
	上海安宁消防工程有限公司	
	北京银泰永辉智能科技有限公司	
	江苏达海智能系统股份有限公司	
	苏州朗捷通智能科技有限公司	
	浙江中博信息工程有限公司	
	北京新时空照明技术有限公司	
	浙江亚星光电科技有限公司	
	上海莱奕亭照明科技股份有限公司	
	中泰照明集团有限公司	
	浙江永通科技发展有限公司	
	苏州金螳螂建筑装饰股份有限公司	

湖东CBD和湖西CBD分驻金鸡湖两端，遥相呼应，苏州中心成为园区转型征程上的点睛之笔